創客
新視界

皂界名師 的
私房 玩皂 密技

本書由　手工藝（工、商、協）會　聯合製作與發行

主辦：新北市手工藝業職業工會（TTQS訓練銅牌獎辦訓單位）
協辦：新北市保養品從業人員職業工會（TTQS訓練銅牌獎辦訓單位）
　　　社團法人台灣手工藝文創協會（TTQS訓練銅牌獎辦訓單位）
　　　新北市手工藝品商業同業公會
　　　新北市手工藝文創協會

追求創新創意的Maker（創客）自造者

當網路世代和實體世界相遇，全世界開始吹起自己動手改造世界的Maker風潮，Maker（創客）代表的是「動手做」與「解決問題」的精神，從「想」到「做」的展現將成為影響未來競爭力的關鍵，因為連結「想」與「做」的過程，有助於找到答案並解決問題，更可能誘發新的創意與發明，是當前開創性動力的來源；從過去單向「想」的學習模式，欠缺「實作」的學校課程，到今日創意創新成為競爭主體的時代來到，將徹底翻轉傳統觀念，不再訴求大規模標準化的生產，以貼近人的需求為主，客製化少量多樣的產品，以符合Maker（創客）自造的精神。

【手工藝（工、商、協）會】以自製手工皂及手作保養品為主軸，輔以創意製造與手作調配為主角，先從基礎理論開始，建構對手工皂及手作保養品的知識，再配合公式的計算、油脂組合設計，進而融合色彩、美學圖案及種種手工藝類的製作技巧及創意發想，徹底實踐Maker（創客）堅持品味的創作精神。在國人日愈重視保健的前提下，將優質的手工皂及手作保養品，應用於清潔、保養到療癒等各種面向，實現自己動手做的美學與美感生活！

由「2017國家人才發展獎」最新出爐的非營利團體得獎主【新北市手工藝業職業工會】，集結了旗下具有手作創客的講師群，不吝教不藏私，透過本書專業的製程步驟，清晰的一一圖解，細細的註解說明，以豐富的內容，傳遞手作溫暖，讓願意開創自我的人，找到學習的途徑及學習的對象。

所謂「高手在民間」，【手工藝（工、商、協）會】積極認真地建置【職能導向課程品質認證】，提升會員勞動力，秉持著TTQS「國家人才發展品質管理系統」持續改善的精神，不斷將創新課程回饋給學員，輔導學員成為專業講師、成立工作室及發展銷售通路，期許本書能為手作工作者開創新的視野，也期許發行單位【手工藝（工、商、協）會】為臺灣技藝發揚努力爭光。

勞動部勞動力發展署

黃秋桂 署長

工會多元發展 手工藝、保養品工會做到了

　　從2012年認識吳聰志、林麗娟等一群夥伴以來,他們就是如此充滿活力與創意的工會領導幹部,努力將會員的技術、服務,帶領到不一樣的層次,且始終保持樂觀進取的態度。整個團隊就像家人般,相互扶持前進,型塑著青春的氣息。隨著對外擴展的腳步愈走愈穩,團隊文化卻始終不變,我相信這是團隊未來能更成功的關鍵。

　　自2017年第一本作品《手創新視界－手工皂》出版,到今天《創客新視界－皂界名師的私房玩皂密技》第二本專書問世,距離不到1年8個月的時間。由作品中,可看出手工皂製作技術的精進,更蘊含了文化創意在其中。而新開發的保養品系列產品,新穎的色彩與配方調製,看得出創作過程中,所實踐的美學理念與巧思。難以想像短短不到二年的時間,這個團隊的專業技術與研發能力,有了如此快速的發展。

　　身為這二個工會的好友,期許工會能持續保持創新能量,擴大教學領域,吸引更多人的參與,進而擴展工會規模。也期待工會未來能建立專業銷售平台,提供會員、學員發表作品的優質管道,同時結合新北工會行善團,支持弱勢勞工學習,並運用此一平台,增進他們的收入。當然,最期待的是第三本書的發表,相信一定如同這本書,令人驚艷。

侯友宜辦公室主任暨前新北市勞工局長

謝政達　律師

FLOWER OF LOVE

期待新北市手工藝業職業工會再創驚奇

　　過去很長一段時間，外界幾乎將職業工會和「勞保工會」劃上等號，這對認真辦理會務的職業工會並不公平。其實職業工會能夠做的事情，遠遠超過想像。2012年底開始，新北市勞工局發起「新北工會行善團」，鼓勵工會發揮本職學能專長，幫助弱勢族群改善環境。新北市手工藝業職業工會也參與工會行善團，對弱勢團體舉辦10場以上的手工藝教學，並參與捐助物資義賣活動，行善不落人後。

　　而講到手工藝業職業工會的拿手絕活，莫過於「手工皂」，肥皂基本製作原理並不難，以前學校也都教過，但實際要製作出一塊兼具實用與藝術的手工皂，卻遠不如想像中那麼簡單，對於材料、塑形、配色、芳香、製程等面向，須具備專業職能的知識與經驗。

　　帶領手工藝業職業工會持續成長的吳聰志理事長，臉上永遠掛著親切的笑容，吳理事長一向秉持著「助人的手勝過祈禱的唇」的個人信念，長久以來努力不懈的推展會務，不斷帶領著手工藝業職業工會成長與進步。由於吳理事長突出的表現，個人於2017年分別榮獲南亞技術學院頒發「傑出校友」、朱立倫市長頒發「新北市模範勞工」及蔡英文總統頒發「全國模範勞工」等殊榮。同時，手工藝業職業工會亦通過勞動力發展署認證TTQS銅牌A級訓練單位，在提昇會員的專業水準方面也有績優的貢獻，因此於2017年獲頒本市「最佳職能發展工會」、「社會教育貢獻獎」及勞動部所頒「國家人才發展獎」等獎項並於2018年蟬聯本市「甲等優良工會」，表現可謂十分優異。

　　以吳理事長為首的17位手工皂專家於2017年出版的《手創新視界－手工皂》，推出後佳評如潮，今年再度推出新作，相信對於手工皂的愛好者，勢必能「再創驚奇」。

新北市政府勞工局

許秀能 局長

「保養品及手工皂」豐富視界（世界）的殿堂

　　2017年2月【手工藝（工、商、協）會】所出版的系列第一本書「手創新視界—手工皂」由於在手工皂素材、造型、和視覺美學上的創新以及在手工皂品質上的提升，因而在手工皂界造成了極大的迴響，銷售成績斐然。此次第二本新書相較於第一本書內容在手工皂部分更加創新、豐富且多元，同時加入了保養品部分。無論是以個人休閒或創新創業的角度來看，這本書都是非常值得擁有欣賞珍藏、臨摹練習、體會創意、歸納創新、且一再玩味的一本書。這本好書絕對可帶您進入「保養品及手工皂」豐富視界（世界）的殿堂。

　　與【手工藝（工、商、協）會】吳聰志理事長近30年前即認識，是我南亞工專機械科學生，畢業之後多年未見，再次見面，卻是由一雙操作機械粗重的手，轉換成精雕細琢細膩之手的手工皂大師。並以在手工藝上的成就先獲得朱立倫市長頒發「2017年新北市模範勞工」、蔡英文總統頒發「2017年全國模範勞工」殊榮之後，再回到母校接受本人頒發「2017年傑出校友」的場合。透過頒證場合，同時也讓我有機會獲邀參加【手工藝（工、商、協）會】所辦理之「2018上半年度學員成果發表會」，由會場所展示之學員作品以及包含前後三任新北市勞工局局長在內冠蓋雲集出席人員台上致詞內容，僅能以「感動再感動」來表達當時的心情。近距離的觀察，好人緣以及能不斷推陳出新研發，展現出各種「創意」與「創新」是聰志理事長能成功的秘笈，這部分也是值得大家認識、瞭解、進而學習的好榜樣。

　　除此之外，由於「新北市手工藝業職業工會」對國家社會善良社會教育、文創產業發展、以及職能人才培養有莫大之貢獻，而同時獲頒「2017國家人才發展獎」、「2017社會教育貢獻獎」、以及「2017最佳職能發展獎」等獎項，相關貢獻獲得國家以及社會大眾之肯定，不言可喻。

　　一本來自對社會有如此多貢獻的單位及充滿著「創意」與「創新」的吳理事長帶領下，由多位擁有個人特色及專長的老師們共同創作出版的內容，絕對是本好書。擁有這本書等同於把多位專家老師請回家，對手工皂及保養品業者和相關愛好有興趣者來說，絕對是十分超值且值得大家典藏的。企盼透過這本書的大賣，讓手工皂與保養品這些相關重要的文創產業能走進更多家庭，甚至能透過家庭副業或企業化方式，為台灣經濟創造更多產值。更加期待透過開放思維的【手工藝（工、商、協）會】的共同努力之下，能不斷創造出更多的驚奇。

南亞技術學院

校長

看見龍岡的美

　　中壢「龍岡」是一個具有特殊人文地理與歷史，交織成一個特殊人文環境。1951年起，大量眷村在此設立，亦成為台灣眷村密度最大的區域。舊時眷村居民大多來自中國雲南及泰緬邊境，也使中壢龍岡成為桃園市飲食多元化的象徵。餐廳和飲食店多以雲南菜和泰國、緬甸口味料理為主，例如米線、米干、大薄片、椒麻雞、豌豆粉等。然眷村已於2001年後陸續拆除，昔日的瓦房、矮屋逐漸被新建的高樓公寓取代，昔日的「特殊人文環境」也在「動盪的環境中」隨風飄散。

　　因此，南亞技術學院服務團隊執行教育部以社區為基礎的服務學習創新方案計畫，結合在地企業、機構、非營利組織等資源，將需求與資源相互結合，交織成一個綿密的網，重新點燃「滇緬文化傳承與社區再造」生命之火，讓我們再次「看見龍岡的美」。雖然龍岡忠貞新村已轉型成國宅，但當時從雲南帶回來的打歌、米干及雲南服飾文化仍保存至今。從滇緬返回台灣後，孤軍仍保存當時的傳統，定期在空地打歌聚會，也因當時大環境不佳，婦女都利用閒暇時間下廚叫賣，從路邊攤開始，逐漸演變成桌菜。而這些婦女擅長的滇緬食物，也因此在龍岡地區成為街頭隨處可見的餐廳。

　　在雲南文化保存及美食推廣中，透過【手工藝（工、商、協）會】的介紹，邀請本書作者傅婉儀、黃琬筑及張雅文等三位老師擔任社區手工皂DIY活動講師，以手工皂為材料融入社區之雲南美食及服飾為主題，不論講師或學員皆完成多采多姿富有地方色彩的手工皂。本書就收藏本次活動講師完成的栩栩如生作品，連在地美食企業家——王根深董事長都讚不絕口，作品如滇緬美食、米干、破酥包及豌豆粉。服飾如貴州彝族女服、五彩霓裳等色彩豐富絢麗，紋飾精美頗具特色。手工皂再也不僅是肌膚清潔用品，更像是一幅飄出淡淡清香的油畫。

南亞技術學院機械系副教授

盧榮芳　主任秘書

以培育「手工藝技術」及「創新設計」為使命

 吳聰志 Ludeful Wu

手工藝（工、商、協）會 理事長
2017年南亞技術學院傑出校友
2017年新北市模範勞工
2017年中華民國全國模範勞工

　　在台灣工會發展過程中，職業工會總是給人勞保工會的刻版印象，對於其他發展事務，如：勞工教育、就業之協助、政府政令推行及增進知識技能等，始終不為人知。有感於此，【手工藝（工、商、協）會】自2012年起，著手辦理勞工自主學習計畫，並積參與TTQS人才發展品質管理系統評核，建立訓練方向及人才庫，訂定工會未來使命及願景。

　　隨著科技、社經、人口的改變，影響著人們如何工作及改變工作類別，很多人稱之為第四次工業革命；當社會轉變時，就必須發展新的技能以符合需求。「人」是組織中最重要的資產，工會藉由各項訓練課程的舉辦與實施，使人具備邁向創新思維應有的能力。

　　【手工藝（工、商、協）會】以培育「手工藝技術」及「創新設計」的人力為使命，掌握具創造力、溝通力、經營力之人才，以加強服務品質，追求訓練的專業化，持續厚實人力資源，歷年來榮獲許多獎項肯定。2017年獲得新北市最佳職能發展獎及新北市社會教育貢獻團體獎，同年底更獲得勞動部國家人才發展獎非營利團體獎。工會轉型腳步從未停歇，透過積極培訓優秀人才，促進團隊整體效能，以前瞻性視野，共同努力讓手工藝業脫胎換骨，創造新動能，朝向成為頂尖的手工藝文創工會的步伐邁進。

　　我們堅信唯有不斷提昇訓練質量及訓練品質，關心就業市場變化，才能滿足會員的需求，進而達成工會經營的目標，而TTQS訓練品質檢核指標，即是我們追求卓越品質的方針，透過理監事及大會代表一致認同，積極成長並全心服務，讓團隊發揮最大的效能。以明確的人才發展體系的運作，培訓具專業專長的人才。本會特訂定訓練政策如下：

1・培養學員投入手工藝文化創新職類的專業技術

2・提供課程實務操作專業訓練

3・培訓學員成為內（外）部專業講師

4・輔導學員成立工作坊及銷售通路，學以致用

人才體系發展運作

　　為確保所有影響訓練的品質項目、工作內容能被鑑別，透過職能導向課程審核指標，對所產出之職能導向進行檢驗，以確保人才發展與訓練成果的過程，具有高品質的保證，且符合產業及就業力的需求，2015年導入ICAP職能認證，2016年並向勞動部申請「職能導向課程品質認證」，為新北市第一家導入職能認證的工會，目的即是為確認課程發展的需求程度、設計與發展的嚴謹性與適切性，實施與成果的有效性。結合職能導向的特性，將諸多指標依照ADDIE設計模型，即所謂的分析（Analysis）、設計（Design）、發展（Development）、實施（Implementation）、評估（Evaluation）五大面向進行，其相關的發展運作，課程需求職能分析，用於課程設計作業流程及利害關係人參與，如后。

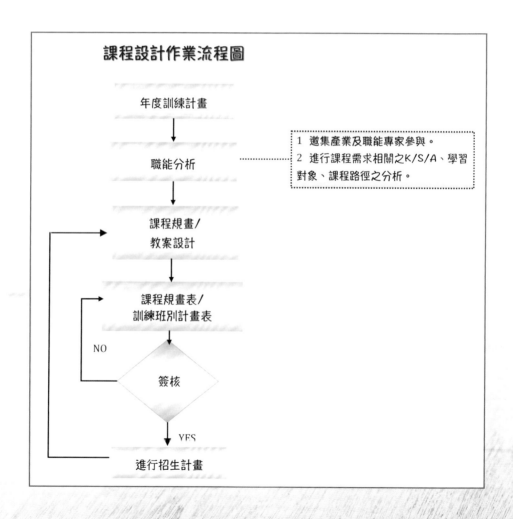

課程設計作業流程圖

年度訓練計畫

職能分析

1 邀集產業及職能專家參與。
2 進行課程需求相關之K/S/A、學習對象、課程路徑之分析。

課程規畫/教案設計

課程規畫表/訓練班別計畫表

NO

簽核

YES

進行招生計畫

	利益關係人的參與過程	專家/委訓單位	會員/學員	講師	理監事	理事長	組訓人員
P(計劃)	人才發展品質管理系統手冊				✓	✓	✓
	訓練發展政策				✓	✓	✓
	訓練需求調查	✓	✓	✓	✓	✓	✓
	訓練需求分析				✓	✓	✓
	擬定年度訓練計劃				✓	✓	✓
	課程計劃,設定訓練目標	✓		✓	✓	✓	✓
D(設計)	訓練需求的職能分析				✓		✓
	課程規劃表/設計	✓		✓			✓
	講師遴選資格/聘任	✓		✓			✓
D(執行)	教學			✓			✓
	課程前、中、後的準備工作						✓
R(查核)	查課及督課	✓		✓			✓
	異常事件的呈報及處理方案的建議					✓	✓
	課程結案檢討報告 (授課成果的評估及建議、訓後資料統計分析)			✓		✓	✓
	定期檢討報告				✓	✓	✓
	年度成效檢討報告				✓	✓	✓
	年度訓練計劃執行成果的評估及後續改善、績效調查				✓	✓	✓
O(成果)	L1滿意度調查、分析		✓				✓
	L2學習心得分析報告		✓	✓			✓
	L3行為評估 (訓後動態調查表)		✓				✓
	L4成果評估 (訓練成效追蹤調查)		✓	✓			✓

　　同時，為使人才訓練活動具明確的方向，本會特制定人才發展架構，以訓練品質系統PDDRO模式為架構內涵，計劃（Plan）、設計（Design）、執行（Delivery）、查核（Review）及成果（Outcome），簡稱PDDRO；五項評核指標體系包涵「訓練政策與計畫」、「訓練課程設計」、「訓練方案執行」、「訓練查核與修正及「訓練成果評估」，以作為整體人才訓練的輸入。

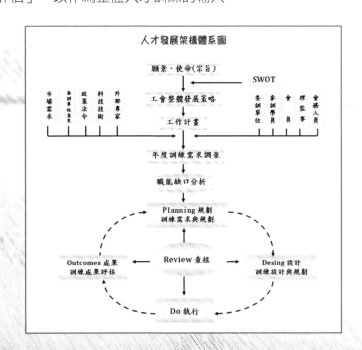

人才發展績效連結

縱觀應目標客戶及學員需求，以自主投資、創新課程等積極作為促進職能成長及厚實人力資本的行動，除建立內外部訓練及開辦創新課程，更強加化工會網站、建立臉書粉絲團及社團等，與會員共同邁向e化。同時，亦不忘實踐工會初衷及社會責任，投入【擁抱希望夢想起飛身障庇護工場再設計】活動。如后。

人才發展創新性及效益擴散

為因應全球化或產業發展變化，其下師資亦在香港九龍、馬來西亞檳城、吉隆坡等地推廣手工藝課程；針對訓練發展，產學訓用合一，受邀於馬偕醫護管理專科學校進行手工藝教學推廣；為強化組織學習，持續人才發展，每年辦理回訓課程，引薦最先新的技術與知識，讓回訓學員能夠在工作崗位上，學習新技術，創造新構想，實踐創新力，保持即戰的競爭力，成為價值型的創新型人才，持續不斷的在文創產業發展上邁進，為台灣的手作技藝發揚光大。

結言

「人生重要的不是所站的位置，而是所朝的方向」，工會秉持用心經營，用心專業的信念，期盼為台灣優質人才，搭出光彩耀目的舞台。

手工藝（工、商、協）會

吳聰志、理事長

目錄
Contents

金盞花控油保濕柔膚水&
極致煥白抗皺雙重精華液

金盞花控油保濕柔膚水

　　悶熱又潮濕的夏天，保濕又能強調控油的化妝水在市面上非常受到大家的喜愛。如何應用一些基本的原料來製作，且作法簡單又可以達到效果呢？以下就介紹一款「金盞花控油保濕柔膚水」。

產品特色

抗敏且適合敏感性肌膚：

　　配方中添加「甘草酸鉀」（A1），是一般化妝品常使用的抗敏原料，在此可以降低化妝水對於敏感性肌膚的刺激性。

保濕性：

　　配方中添加兩大類型「吸水」與「鎖水」之功能性原料。來自天然成分的「鎖水磁石」、「高效保濕天然植物萃取液」，是目前市場上常用的保濕性材料，當然又額外添加了濃度為1%的小分子玻尿酸水溶液（平均分子量為9千），這樣的搭配可以提高對皮膚的保濕效果。

　　另外，「鎖水」功能部分則選用水性柔膚酯，是一種親水性的油脂，可以讓皮膚有柔膚且保濕的效果。

控油：

以天然植物的萃取液為訴求，不讓皮膚再接觸太多額外的添加物，因此選擇金盞花萃取液與橙花純露來做為控油的原料。

作者簡介

QMii

手工藝（工、商、協）會 師資班 講師

配方表

Phase	Name		預計%	實際重量
A1	甘草酸鉀	抗敏、抗炎	0.4	0.2
A2	純水		56.4	28.2
B1	甘油	保濕	2	1
B2	1,3丁二醇	保濕	4	2
B3	金盞花萃取液	抗油、減少油脂分泌	1	0.5
B4	鎖水磁石	天然保濕因子	2	1
B5	高效保濕天然植物萃取液	抗敏、保濕	2	1
B6	小分子玻尿酸水溶液1%	強效保濕	1	0.5
B7	澄花純露	鎮靜、平衡、消炎	30	15
C	水性柔膚酯	柔膚增加吸收	0.6	0.3
D	苯氧乙醇	抗菌劑	0.6	0.3

貼心小提醒：

（1）甘草酸鉀：最高0.5%，請勿超過。

（2）苯氧乙醇：最高1%，請勿超過。

（3）本作品利用澄花純露帶出淡淡的香味，因此不建議添加精油。

操作步驟

1. 將所用到的器具以75%的酒精消毒後使用。

2. 取A1放入燒杯中，加入A2後攪拌至粉末完全溶解。

3. 取另一燒杯加入B1～B7，攪拌混合均勻。

4. 將B燒杯倒入A燒杯中，攪拌混合。

5. 將C相隔熱水浸泡後（呈現液體），滴入混合之燒杯中攪拌均勻。

6. 最後加入抗菌劑D。

7. 裝入準備好的瓶子。

極致煥白抗皺雙重精華液

　　相信許多人對於精華液的使用上感到困惑，是否對於肌膚上有何特殊功用？或者有些人不了解精華液和其它如：乳液、乳霜或者面霜，又有哪些不同之處？當然市面上所謂的精華液，應該是加入許多非常有效的成分為訴求，但是往往卻並非如此，為了成本的考量，卻犧牲了該有成分的添加量。精華液在保養流程中，專注在提供對肌膚有益的成分，或比起其它產品更高，比例的修復細胞或者皮膚等效果。因此，如果含有修護肌膚的抗氧化及細胞溝通因子那會是最棒的精華液。

　　而本配方中的「玻尿酸保濕抗老精華液」，具備保溼抗老之功效，提升肌膚的修復能力，呵護你的肌膚，日／夜用保濕專用。希望讀者能在精華液持續作用之下，能讓肌膚受損漸漸修復，煥發健康、緊緻。

產品特色

1、抗老抗皺有效成分：

　　挑選具有優越抗老效能的原料是精華液的核心，本產品中則選用目前證實有極佳成效的原料，如：

（1）刺激膠原蛋白的形成、減少皺紋：蜂毒胜肽萃取
（2）抗老化、抗皺紋：燕麥萃取液、三胜肽
（3）細胞修復效果：龍血萃取液
（4）抗老化、鎮靜肌膚、增強美白或去斑：酵母萃取液
（5）法定美白效果：傳明酸

2、保濕效果：

　　配方中利用生物技術所得到的不同分子量的玻尿酸，來分別達到「吸水」與「鎖水」之效果。並且使用天然高分子-玻尿酸來當作增稠效果，讓肌膚觸感更好。當然搭配一般熟知的蘆薈萃取液也可，在夜間保養時能有鎮靜肌膚的效果。

3、具備強大的抗老化且可持續進行細胞修復效果，使用愈久效果愈顯著。

配方表（～50g）

Phase	Name		預計%	實際重量
A1	大分子玻尿酸1%	保濕	36	18
A2	小分子玻尿酸1%	加強保濕	1	0.5
A3	甘油	保濕	2	1
A4	蘆薈萃取液	保濕修復	6	3
B1	傳明酸	美白	2	1
B2	純水		41.4	20.7
B3	蜂毒胜肽萃取	激膠原蛋白的形成，減少皺紋	2	1
B4	燕麥萃取液	抗老化抗 皺紋	1	0.5
B5	三胜肽	膠原蛋白新生、抗皺緊實肌膚	2	1
B6	龍血萃取液	修補細紋	4	2
B7	酵母萃取液	抗老化鎮靜肌膚增強美白或去斑	2	1
C	苯氧乙醇	抗菌劑	0.6	0.3

貼心小提醒：

（1）如何配置1%的玻尿酸水溶液？
　　　請秤取1克的玻尿酸粉末，加入99克的純水。浸泡約1～2小時，攪拌至呈現透明
　　　黏稠狀液體。如未能使用完畢請放置冰箱保存，但勿放置超過2～3天。
（2）傳明酸：法規規定添加量2～3%。
（3）蜂毒胜肽萃取建議添加量1～5%；燕麥萃取液建議添加量1%～2%
（4）苯氧乙醇：最高1%，請勿超過。

操作步驟

1. 將所用到的器具以75%的酒精消毒後使用。
2. 自行配置A1大分子玻尿酸1%水溶液（配置方式請參考上方「貼心小提醒」）
3. 自行配置A2小分子玻尿酸1%水溶液（配置方式請參考上方「貼心小提醒」）
4. 取一燒杯秤量A1～A2混合後攪拌，再依序加入A3～A4攪拌均勻。
5. 取另一燒杯加入B1～B2，攪拌至傳明酸粉末完全溶解。依序加入B3～B7後請攪拌均勻。
6. 將B的燒杯倒入A燒杯中，攪拌混合。
7. 最後加入抗菌劑C。
8. 裝入準備好的瓶子。

親膚蛋黃卵磷脂乳霜

　　保養流程中，含有油相的成分如：乳霜、乳液或凝霜等產品，幾乎都在保養步驟的最後一個階段，最主要的作用就是鎖水，鎖住肌膚的水分減少散失，也可以說是能幫助肌膚補充具有油分的鎖水產品，像保護膜般的油分可以增加化妝水或精華液的活性成分被肌膚吸收，並能達到滋潤的功效。

　　然而DIY保養品中最常使用的冷製乳化劑，其實種類非常多種，不同的組成就會有不同的功效，無法僅用幾句描述就解釋清楚，請讀者尋找專業的老師上課會更能了解其中之奧祕。本次作品中是選擇專門做霜體所使用的乳霜型乳化劑（冷製乳化劑），特性清爽不黏膩，容易操作，但是需要小心酸及鹽類會容易造成變稀的現象。

　　此產品配方在所添加的蛋黃卵磷脂與植物油搭配下，呈現質感細緻、霜體不黏膩且吸收快，皮膚可呈現柔潤的膚感。此時乳霜可以讓角質間充滿水分與油分並建構起對肌膚防禦屏障，封鎖所有對肌膚好的營養成分喔！此產品適合全膚質使用。

產品特色

1、細胞修復有效成分：
　　挑選具有優越且證實具有極佳修復細胞效能的原料：

（1）細胞修復效果：龍血萃取液。

（2）天然植物油：蛋黃卵磷脂、薺藍籽油、所羅門王油此三種油品，皆含有非常豐富的不飽和脂肪酸，對於肌膚滋潤修復效果極佳。

2、保濕效果：
　　配方中使用目前市場上來自天然成分的保濕性材料「鎖水磁石」，與一般熟知的蘆薈萃取液，可以在夜間保養時能有鎮靜肌膚的效果。這樣的搭配可以提高對皮膚的保濕效果。

3、乳化便利性：
　　方便又清爽不黏膩的冷製乳化劑，操作上簡單又具備好的乳化能力。乳化後的霜體細緻、膚感極佳。

4、添加抗氧化劑： 維他命油，讓產品中的油脂不易氧化。

配方表（～50g）

Phase	Name		預計%	實際重量
A1	蛋黃卵磷脂	護膚	1	0.5
A2	薺藍籽油	護膚	4	2
A3	鮫鯊烷	護膚	2	1
A4	所羅門王油	護膚	3	1.5
A5	乳霜型乳化劑（4號）	乳化劑	3	1.5
A6	醋酸鹽維他命E	抗氧化劑	1	0.5
A7	苯氧乙醇	抗菌劑	0.6	0.3
B1	甘油	保濕	2	1
B2	1,3丁二醇	保濕	2	1
B3	純水		75.4	37.7
B4	鎖水磁石	加強保濕	2	1
B5	龍血萃取液	修復細胞	2	1
B6	蘆薈萃取液	皮膚修復	2	1
C	精油	香味	適量	適量

🍃 貼心小提醒：

（1）蛋黃卵磷脂需存放冰箱，或者說油脂類原料皆建議存放冰箱保存。

（2）油脂添加量建議不超過15%。

（3）水相入油相時，請分批慢慢倒入，不宜將水相全部倒入油相中。

（4）請確實攪拌，以利乳化能完全。

（5）苯氧乙醇：最高1%，請勿超過。

操作步驟

1. 將所用到的器具以75%的酒精消毒後使用。
2. 取一燒杯秤量A1～A7不需要攪拌，請放置一旁備用，稱為油相。
3. 另外取一燒杯加入B1～B6，攪拌混合均勻，稱為水相。
4. 將B燒杯的水相慢慢倒入一部分於A燒杯中後，開始攪拌至黏稠狀，接著再慢慢將水相倒入，持續攪拌。持續此步驟一直到水相完全用光為止。此時乳霜體會越攪拌越細緻。
5. 最後加入精油C。
6. 裝入準備好的瓶子。

咖啡因胺基酸柔順洗髮慕斯&
摩洛哥小麥蛋白護髮乳

咖啡因胺基酸柔順洗髮慕斯

　　隨著經濟的快速發展，人們生活水平的不斷提高，受到環境污染，壓力疲勞和頭髮頻繁造型等因素影響下，人們的頭髮和頭皮越來越脆弱。市面上的洗護產品種類繁多，但讓人眼花繚亂，消費者在嘗試過多種洗髮產品後卻得不到滿意的效果，反而付出了頭髮嚴重受損、頭皮敏感脆弱等代價。

　　胺基酸型的洗髮產品因此而誕生，因胺基酸表面活性劑能有溫和、無刺激的功效，與皮膚酸鹼度接近，所以在使用洗髮水時，不但能有去除污垢的作用，還可以滋養髮絲和養護頭皮。即使小孩、孕婦或者敏感性肌膚都能適用。

產品特色

1、溫和不刺激：

　　胺基酸是人類身體不可或缺的成分，可生成蛋白質，在與脂肪醇或脂肪酸產生化學反應後，具有清潔功效，對頭皮較無刺激且與皮膚酸鹼度接近。

2、保濕效果：

　　胺基酸可通過維持肌膚含水量，具保濕作用。

3、順髮效果：

　　含細緻泡沫，可溫和清潔秀髮並使其柔軟順滑，成分中的覆酯劑及調理劑，在賦予髮絲柔嫩及亮澤時，更可增添豐盈感。

4、弱酸性：

　　胺基酸這類洗髮水成弱酸性，因為人的頭皮PH值（酸鹼度）是5～6.5之間，洗髮水是5.5的，這樣就不會破壞頭皮的PH值環境，導致頭屑滿天飛的現象。

5、咖啡因修復頭皮：

　　咖啡因胺基酸洗髮水彌補了普通洗髮水的缺陷，從根本上解決了去屑、止癢、控油、防脫等基本問題，深層護理受損髮質、去屑滋潤、防脫控油、強健髮根使秀髮真絲般的柔滑，飄逸自然。

配方表（～50g）

Phase	Name		預計%	實際重量
A1	月桂醯羥甲基乙磺酸鈉	溫和不刺激	2	1
A2	胺基酸（牛磺酸）型起泡劑	胺基酸溫和	20	20
A3	甜菜鹼兩性起泡劑	兩性起泡劑	10	5
A4	葡萄糖苷起泡劑	溫和起泡劑	6	3
A5	月桂醯肌氨酸鈉	胺基酸溫和起泡劑	4	2
A6	覆酯劑	降低對頭皮刺激	2	1
A7	調理劑	頭髮滑順	1	0.5
A8	純水		20	10
A9	苯氧乙醇	抗菌劑	0.6	0.3
B1	咖啡因	強健頭髮	1	0.5
B2	純水		27.4	13.7
B3	甘油	保濕	4	2
B4	1,3-丁二醇	保濕	2	1
C	精油	香味	適量	適量
D	配40%的檸檬酸水溶液	pH＝5.5－6.0	適量	

貼心小提醒：

（1）隔水加熱的溫度建議不超過80℃。

（2）界面活性劑要注意名稱，不要購買錯誤。

（3）咖啡因可以利用加溫的方式提高溶解度。

（4）請確實攪拌，以利完全溶解。

（5）苯氧乙醇：最高1%，請勿超過。

（6）請自行調配檸檬酸水溶液，建議可以調40%。

操作步驟

1. 將所用到的器具以75%的酒精消毒後使用。

2. 取一燒杯秤量A1～A8放置隔水加熱中，持續攪拌至完全溶解呈現透明液體。

3. 另外取一燒杯先加入B1～B2，請攪拌至咖啡因粉末溶解（如未能溶解，請隔水微微加熱即可快速溶解）。再依序加入B3～B4攪拌混合均勻。

4. 將B的燒杯倒入一部分於A燒杯中開始攪拌混合，呈現透明液體。

5. 加入香精或者精油。

6. 最後利用檸檬酸水溶液調整酸鹼值到5.5～6.0之間。

7. 可選擇放入慕斯瓶或者押瓶。

摩洛哥小麥蛋白護髮乳

　　洗完頭後另一件麻煩的事，就是潤髮與護髮，到底這兩者的差別在哪呢？其實潤髮與護髮產品的不同在於滋養成分的多寡，潤髮產品的滋養成分較少，功用主要是使頭髮柔順不打結，護髮產品的滋養成分較多，主要是用來修護頭髮毛鱗片。因此，如果想將護髮產品取代潤髮產品，在洗頭後天天使用其實是可行的，但須特別注意的是，不論是潤髮還是護髮，需要注意使用的產品是否需要沖洗？此外，如果是染燙過後的受損髮質，建議可以定期使用滋養成分更高的髮膜做養護，或是吹髮前塗抹一些免沖洗式的護髮產品，都是不錯的修護方法！

產品特色

1、順髮與操作便利：

　　此陽離子乳化劑，可以直接加水攪拌後，即可成為護髮乳之基底，再加入其他油脂或有效成分，就可以做出非常好又有順髮效果之護髮乳。此護髮乳需用水沖洗乾淨。

2、溫和不刺激：

　　利用摩洛哥堅果油、碳酸二辛酯與鯨蠟硬脂醇，對於頭皮較無刺激性，頭髮也能有較好的油脂保護。

3、保濕效果：

　　透過維他命B5和小麥水解蛋白，可以針對頭皮與頭髮具保濕作用。

配方表（～50g）

Phase	Name		預計%	實際重量
A1	鯨蠟硬脂醇	滋養頭髮	1	0.5
A2	摩洛哥堅果油	滋養頭髮	2	1
A3	碳酸二辛酯	滋養頭髮	6	3
B1	陽離子型乳化劑	護髮專用乳化劑	2.2	1.1
B2	苯氧乙醇	抗菌劑	0.2	0.1
C1	甘油	保濕	4	2
C2	1,3-丁二醇	保濕	2	1
C3	純水		81.4	40.7
C4	維他命B5	頭髮保濕	0.8	0.4
C5	小麥水解蛋白	強健修復頭髮	0.4	0.2
D	精油	香味	適量	適量
E	檸檬酸水溶液	pH＝5.5－6.0	適量	適量

🍎 貼心小提醒：

（1）隔水加熱溫度建議不超過80℃。
（2）陽離子型界面活性劑是特殊型，專門做護髮乳，不要購買錯誤。
（3）油脂可以隨意選擇，但不可超過10%。
（4）請確實攪拌，以利完全溶解。
（5）苯氧乙醇：最高1%，請勿超過。
（6）請自行調配檸檬酸水溶液，建議可以調40%。

操作步驟

1. 將所用到的器具以75%的酒精消毒後使用。
2. 取一燒杯秤量A1～A3放置隔水加熱中，持續攪拌至完全溶解。
3. 另外取一燒杯加入B1～B2，請攪拌至稠狀（很像透明的膠體）。
4. 將A相燒杯倒入B燒杯中開始攪拌混合。
5. 請再準備一個燒杯加入C1～C5攪拌混合均勻。
6. 將C相燒杯慢慢倒入前面已經混合好的燒杯中，攪拌均勻。
7. 加入喜歡的精油適量。
8. 最後利用檸檬酸水溶液調整酸鹼值到5.5～6.0之間。
9. 裝入適當的容器押瓶中。

玉璽寶印皂

手工皂除了是生活用品外，也可以是一件藝術品，
本單元結合了金石藝術，把篆刻技巧融入手工皂中，
做出一個自己專屬的玉璽寶印皂。

 作者簡介

侯昊成

· 一樂手創工作室 負責人
· 手工藝（工、商、協）會 手工皂師資班課程 講師
· 2016～2018年提升勞工自主學習計畫 手工皂課程 講師
· 新莊法鼓山社會大學 講師
· 桃園社區大學手工皂 講師
· 板橋龍山寺文化廣場 講師
· 蘆山園社區大學 講師
· FB皂化反應社團 社長
· FB就愛玩蠟燭社團 社長

 配方比例

油 品	油 量
椰子油	200g
棕櫚油	250g
橄欖油	300g
甜杏仁油	200g
紅花籽油	50g
總油量	1000g

> 總油量1000g
> 氫氧化鈉143g
> 低溫豆漿72g／純水286g
> 加速精油5g／不加速精油15g
> 皂用紅色色粉適量／紅礦泥粉適量／可可粉適量

製作方法

1 將秤量好的鹼和水進行混合，等鹼水
清澈後降溫至30度。

2 將秤量好的油控溫到30度左右，油脂
必須清澈，不能有任何結塊狀。

4 攪拌過程中可運用電動攪拌器幫忙縮
短攪拌時間，電攪時間依皂化速度作
調整，大約30秒至一分鐘即可，切勿一口
氣打到濃稠狀，後半段需要運用刮刀慢慢
攪拌，順便消氣泡。

3 將秤量好的低溫豆漿倒入油鍋中，並
立即跟著把已經降溫的鹼水也倒入油
鍋中，然後開始攪拌。

5 當皂液Light Trace時，先分出約十分
之二的皂液，並把皂液加入紅色色粉
調成類似印泥的紅色，然後再加入會加速
的精油（如：安息香或檀香），攪拌均勻
後馬上倒入模具中，等待約10-15分鐘讓
皂液快速硬化。

6 鍋子中剩餘十分之八的皂液可分成三
杯，分別加入紅礦泥粉及可可粉等，
調出三杯不同顏色的皂液，並加入不加速
的精油（如：甜橙或薰衣草），然後三杯
皂液全部再倒回鍋子中，讓皂液自然混合
在鍋子內不須攪拌。

7 確認先前倒入模子中的紅色皂液已經硬化後，即可將鍋子內的三色皂液倒入模具中，讓三色皂液自然流動混合於模具中，產生類似石紋的紋路，這方法又稱為回鍋染。

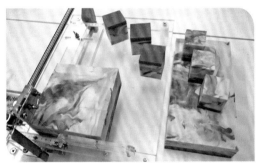

8 由於本配方有加入豆漿，所以不需要保溫，只要靜置兩天等待皂化較完全後，即可脫模切皂。切皂時記得要切成類似印章四四方方的尺寸，然後進行晾皂約一個星期。

9 一個星期後，利用電腦把想刻的文字列印出來，文字尺寸需和印章尺寸一樣，並且要把文字反過來列印，當篆刻肥皂作品完成後，蓋出來的章才不會變成反字，但是如果只想純欣賞沒打算蓋章，文字不反過來列印也可以。

10 以2B鉛筆把列印出的文字在紙張後方塗黑，然後把紙張放在皂上以鉛筆描印文字，使字拓印到皂上。

11 拓印完畢後移開紙張，準備一支筆刀即可開始進行篆刻工作。

12 將筆刀以約45-60度角切入皂內，然後順著筆劃移動。筆刀請務必斜斜切入皂中，運用左右斜切的方式才能順利挖起不要的皂，若是將筆刀直直插入皂中，就必須再以特殊雕刻刀來挖皂，而且很容易挖得像狗啃的一樣。刀子斜切入皂只需要一支筆刀即可搞定，方法如同刻橡皮章的方式一樣。

14 放個幾天後肥皂印章更乾時，可拿印泥來蓋印，蓋完記得擦乾淨肥皂印章以免縮短保存期限，也可放置於櫥櫃中欣賞。

15 如果想要大量生產是不需要一顆一顆辛苦的刻印喔，只要拿刻好的第一顆肥皂印章進行翻模做出矽膠模，同樣一顆章即可運用自製的矽膠模大量生產，輕鬆做出上百顆、上千顆的玉璽篆刻皂，很有趣對吧！

16 如果自認雕工還不錯的話，也可以把整顆皂雕出造型，如：龍紋、獅紋等等，會更有古代皇帝玉璽的氣勢。

13 全部刻完後，以微濕的紙巾擦掉所有的皂屑，美美的玉璽篆刻皂即完成。

野戰迷彩皂

這一款皂肯定會是軍事迷的最愛，把野戰迷彩的紋路融入肥皂中，不論是叢林環境，沙漠環境或溪流環境等等，只要搭配各種植物粉、礦泥粉或皂用色粉都能輕鬆模擬出來，而且製作手法相當的容易，即使是第一次接觸手工皂的人也能順利完成。

配方比例

油 品	油 量
椰子油	200g
棕櫚油	250g
橄欖油	300g
甜杏仁油	200g
紅花籽油	50g
總油量	1000g

> 氫氧化鈉143g
> 低溫豆漿72g／純水286g
> 精油20g
> 礦泥粉適量／備長炭適量量

 製作方法

1 將秤量好的鹼和水進行混合，等鹼水清澈後降溫至30度。秤量好油量，並備好豆漿、各色礦泥粉、備長炭粉。

3 將秤量好的低溫豆漿倒入油鍋中，並立即跟著把已經降溫的鹼水也倒入油鍋中，然後開始攪拌。

2 將秤量好的油控溫到30度左右，油脂必需清澈不能有任何結塊狀。

4 攪拌過程中可運用電動攪拌器幫忙縮短攪拌時間，電攪時間依皂化速度做調整，大約30秒至一分鐘即可，切勿一口氣打到濃稠狀，後半段需要運用刮刀慢慢攪拌，順便消氣泡。

5 當皂液Light Trace時，將皂液等量分成3杯至5杯並進行調色。如果較喜歡素雅的人可分成3杯即可，若喜歡顏色豐富些就分成5杯。

6 由於是做迷彩皂，配色盡可能以同色系或相近色系做為搭配，並且盡量不要出現彩度太過鮮豔或對比的配色，這樣會失去迷彩偽裝的意義。

7 皂液顏色全部調整完畢後，要確認皂液已經達到Trace或略微Over Trace的濃度，這樣皂液入模後才不會完全攤平變成直線。

8 皂液濃度確認完畢後，以耐強鹼的PP五號塑膠湯匙，或304不鏽鋼湯匙挖取皂液。

9 將各色皂液一匙一匙交錯地疊入模具中，堆疊時盡可能顏色相互交錯堆疊，如此迷彩的效果會比較完整。（不可用鋁質湯匙或不耐強鹼的湯匙裝皂液）

10 皂液全部裝入模具後,蓋上模具蓋子並靜置兩天以上再脫模。由於本配方有加入豆漿,因此肥皂不需要保溫,但也因為加入豆漿的關係,皂體會較微濕,所以可延後幾天再脫模,比較不容易發生皂體濕軟黏模而變形的情況。

12 除了可使用長條窄型的模具來製作迷彩皂,也可以試著用寬型的模具來製作,不同的模具做出來的迷彩紋路也會有不同的效果喔。

11 數天後,取出肥皂進行切塊,即可看到令人愛不釋手的迷彩皂。

13 如果手邊沒有太多的色粉,可以試著只以一種色粉調出淺中深三種顏色,這樣一樣可以玩迷彩皂,像是以備長炭粉調出黑白灰,也是很常見的迷彩色系。心動了嗎?趕緊動手玩玩看吧!

 作者後記

　　記得上一本書好像才剛出版沒多久,其實已經又過了一年,在這一年中台灣的手工皂發展進化得非常快,皂友們幾乎個個練就了高高手的功力,不論是渲染皂,分層皂或蛋糕皂…等,各式各樣的精彩作品看了實在令人愛不釋手。或許以前台灣不是手工皂的先鋒者,但可以預見未來台灣的手工皂將會帶領世界潮流。 還不會自己做皂嗎?趕緊來玩玩好玩又實用的手工皂吧!您將會擁有一個令您驚喜連連的手作生活。

玄祕天珠皂

傳說中，天珠具有心想事成的神秘力量，利用三種不同的渲技法調製而成，能帶來清爽又有好心情的洗感。尤其在和橄欖油一樣溫和的紅花籽油與甜杏仁油的加強滋潤下，讓肌膚更光滑。

 作者簡介

林麗娟 Miranda

- 又又手創坊 負責人
- 新北市大安庇護農場 技術顧問
- 社團法人臺灣視障協會 技術顧問
- 國家美容丙、乙級證照
- 台灣美容醫學美容師證照
- 2015年中華民國職業工會全國聯合總會 模範勞工
- 2016年新北市產職業聯合總工會 模範勞工
- 2014年產業人才投資計畫 實用手工皂與保養品課程 講師
- 2015～2017年提升勞工自主學習計畫 實用手工皂與保養品課程 講師

 配方比例

	油 品	比 例	油 重	皂化價	NaOH	INS	平均INS值
硬油	椰子油	25%	205	0.19	38.95	258	64.5
	棕櫚油	25%	205	0.141	28.91	145	36.25
軟油	橄欖油	30%	246	0.134	32.96	109	32.7
	甜杏仁油	10%	82	0.136	11.15	97	9.7
	紅花籽油	10%	82	0.136	11.15	47	4.7
合 計		100%	820		123.12		147.85

總油量：820g

氫氧化鈉：123g

純水量2.3倍：283g

精油2%：特調檜木16ml

製作方法 How to make

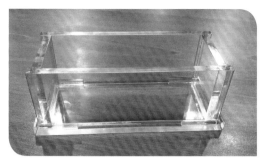

1 先準備好盛裝皂液的容器與量杯。
（土司模、壓克力模…等）

2 將量取好的氫氧化鈉，慢慢倒入水中
攪拌均勻。

3 接著將油溫和鹼水溫度控制在
35℃～45℃間再做混合。（冬天溫
度可提高至45℃，天熱室溫也可）。

4 攪拌均勻後就可慢慢加入精油。

5 將油脂攪拌至light Trace（輕度稠
狀）。

6 先取少量皂液至量杯內。

7 加入少量備長碳粉後，調勻。

10 第二次取備長碳皂液沿模邊倒入。

8 將總皂液分成二杯，原液和備長碳皂液，準備入模。

11 依序以9～10的方式，往上一直重疊沿模邊倒入。

9 將壓克力皂模一邊墊高，接著將原色皂液沿模邊倒入。

12 看皂液已接近邊緣時，就可以把模子平放在轉台上。

13　可做左右轉動。

16　一白一黑來回倒幾次，速度不要太快，直到皂液倒完。

14　看到有跑出流線美時就停止。

17　杯口朝模邊倒入。

15　再取另一個量杯，將剩下的白色和黑色皂液分次倒入杯中。

18　以慢速將皂液來回填補上層表面。

19 填滿一半再從另一邊填補上層表面。

20 上層完全補完，即可入保溫箱中保溫。

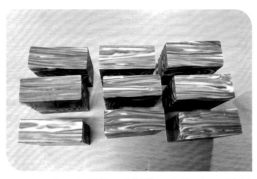

21 2～3天後，將手工皂取出，並以橫向切法切開，進行晾皂。

油品介紹

椰子油 Coconut Oil

椰子油於攝氏20℃以下會呈現固狀。含飽和脂肪酸,能做出洗淨力強、質地硬、顏色雪白且泡沫多的手工皂,是手工皂不可缺少的油脂之一。

棕櫚油 Palm Oil

含有相當高的棕櫚酸及油酸。可使香皂增加硬度及較不易溶化,讓皂更加紮實耐用,缺點則是不容易起泡,泡沫也不多。棕櫚油亦是手工皂必備的油脂之一,可做出對皮膚溫和、清潔力好又堅硬、厚實的香皂。

橄欖油 Olive Oil

可分為特級(Extra Virgin)、精製(Virgin)、純(Pure)。含有保濕、保護及治癒皮膚的功能,起泡度穩定、滋潤度高。

含有高比例油酸和豐富的維他命、礦物質、蛋白質,特別是天然角鯊烯。能促進皮膠原的增生,維護肌膚的緊緻與彈性。可以保溼並修護皮膚,製造出泡沫持久且如奶油般細緻的手工皂。由於深具滋潤性,也很適合用來製作乾性膚質適用的手工皂和嬰兒皂。

甜杏仁油 Sweet Almond Oil

由杏樹果實壓榨而來,富含礦物質、醣物和維生素及蛋白質,是一種質地輕柔,並具有高滲透性的天然保濕劑,對面皰、富貴手與敏感性肌膚具有保護作用,溫和又具有良好的親膚性,各種膚質都適用,能改善皮膚乾燥發癢現象,緩和酸痛、抗炎,質地輕柔滑潤,促進細胞更新。

甜杏仁油非常清爽,滋潤皮膚與軟化膚質功效良好,適合做全身按摩。且含有豐富營養素可與任何植物油相互調和,是很好的混合油,質地溫和連嬰兒肌膚都可使用。更適合乾性、皺紋、粉刺、面皰,及容易過敏發癢的敏感性肌膚,用甜杏仁油做出來的皂泡沫持久,且保濕度效果非常好。

紅花籽油 Safflower Oil

由紅花乾燥熟成的果實中提煉出來,含有人體必須但又無法自行合成的不飽合脂肪酸,因此有了「亞麻油酸之王」的美稱。能增強活化細胞,加上具抗氧化特性的維生素E加碼下,能達到抗衰老、平衡肌膚,非常適合各種膚質。

雙面立體模－親子豬公仔

收藏了多年的一系列豬公仔，其中有一組呈現的是令人會心一笑
又備感溫馨的親子豬造型，總想著能翻模出來填上色彩，
做出特別的皂寶欣賞一番。但按一般方式做出的矽膠模，
灌皂液脫模時總是鼻子扁、耳朵斷，更別提填色了。
因此，構思出了雙面立體模的想法。

作者簡介

鄭惠美

· 美美造坊 負責人
· 2017年新北市 模範勞工
· 2016年新北市產職業聯合總工會 模範勞工
· 手工藝（工、商、協）會 手工皂師資班課程 講師
· 2016～2017年提升勞工自主學習計畫 羊毛氈課程 講師
· 2016～2018年提升提工自主學習計畫 皮革工藝課程 講師

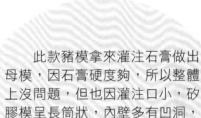

　　此款豬模拿來灌注石膏做出母模，因石膏硬度夠，所以整體上沒問題，但也因灌注口小，矽膠模呈長筒狀，內壁多有凹洞，所以石膏母模會有一點小瑕疵。

　　本章節就以複製石膏母模後如何修補瑕疵，及如何DIY做出雙面立體模，做出特別又獨一的皂寶。

立體模的特色

　　當你的原型母模只有稍許的立足點是平的，其餘部分呈現凹凸有致的身形時，或是有一部分的肢體是橫向的（例如：動物耳朵翻好矽膠膜時會形成橫向凹洞），或是有許多凹洞時，就會需要製作雙面的矽膠模具。

製作方法 How to make

石膏母模修補的作法

材料 水、石膏粉、雕刻工具、黏土工具、石膏糊（取適量石膏粉加入一點水調成糊狀）。

1 當石膏母模有小洞。

2 準備少許的石膏液填入凹洞。

3 用手抹平，並將多餘的石膏粉末清乾淨即可。

4 當石膏母模有大面積不平整處。

5 用手指頭塗上一層的石膏糊抹平。

6 以1000左右的細沙紙研磨平整，用濕布擦拭乾淨。

7 也可用雕刻工具加深修飾需要的線條。

8 待石膏母模乾燥後（約2～3天），均勻地多次噴上亮光漆，可避免因碰撞而傷了細緻的線條。

9 亮光漆可讓石膏母模表面光滑，翻出的矽膠模也相對的會呈現光滑，灌注出的手工皂體也是如此。

🍎 雙面模的作法

1 確認母模最高的高度為3.7公分。

2 因雙面模有上下兩層的底部，所以各自加上約1公分的厚度，整體完成上下雙面模的高度約需5.7公分，本次外模使用積木約為6層高。

3 觀察母模的分模線位置，及需墊高的位置。

4 將母模正面朝上，背面有凹陷弧度處，用油性黏土墊高整理平整。

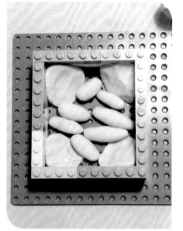

5 預留母模四周約0.7公分做為矽膠模之厚度，堆積3層積木，搓一些圓形或長條型黏土，放入底部先墊底，再將母模放入。

6 邊調整黏土高度，讓預先設定的分模線與積木頂端等高。

7 將四周的黏土抹平。

8 本次示範的母模豬媽媽，局部耳朵高於分模線。

9 可將耳朵下方墊高以利脫模。例如招財貓招手的手部也可如此處理。

10 最後沿著母模邊緣用工具抹一圈，務必使邊緣黏土密實，形成L邊。

11 將母模塗上凡士林當隔離劑，避免咬模（矽膠局部與母模緊密黏貼一起）。

12 使用圓頭工具，於適當位置戳出數個約1公分深的洞以做為定位柱。

13 將積木加至6層高度，並用黏土做一個圓柱體，置於灌注口預留的位置。

14 準備一次性使用的容器與攪拌棒，按照矽膠廠商設定之重量比，精準秤量主劑與硬化劑於同一容器中攪拌均勻。兩劑混合後只需攪拌30秒～1分鐘後，請快速灌注入模。

15 灌入矽膠待乾。（約24小時）

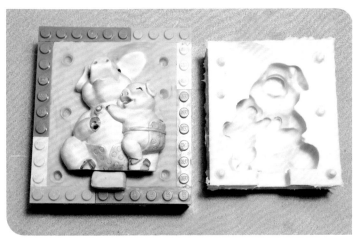

16 拆掉積木，正面矽膠模完成。

17 修剪過高的定位柱，定位柱約0.5公分即可，並修剪邊緣多餘的溢膠。

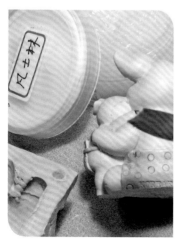

18 用凡士林將母模上沾黏的黏土清理乾淨。

19 用凡士林將正面矽膠膜上沾黏的黏土清理乾淨。

20 將母模正面朝下嵌入模內，確認灌注口的黏土放在適當的位置，表層均有塗上隔離劑，再將積木加至6層高度。

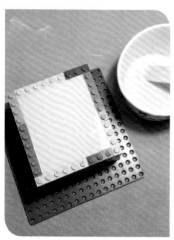

21 灌入矽膠待乾。

22 上下模均完成。

23 上下模將定位柱嵌入密合，只會留下一個灌注口。

雙面模應用在填色上

1 預備有色皂液，雙面模攤開。

2 填上規劃的有色皂液。

3 待有色皂液無流動性後，合併上下模，由灌注口倒入皂液完成。

4 脫模後切除灌注口多餘的皂塊。

5 可愛的立體雙面填色皂。

小叮嚀

1 矽膠攪拌時間請控制在一分鐘內完成。硬化劑液體較稀，攪拌過程中常會流置容器邊緣，請記得容器邊緣的膠液要往中間多拌勻幾次。

2 矽膠如需調色，請在主劑倒入容器後，加入油性色膏或色粉先行攪拌均勻，調至預定的顏色後，再加入硬化劑攪拌均勻後入模。

3 容易取得又方便的油性黏土。

4 灌注口的位置，建議是可以將皂液直線倒入模內填塞完全。

5 母模與黏土接觸面細微的地方要確實壓平整，避免有縫隙造成毛邊。

6 因皂液呈現微稠狀態，灌注口建議不宜過於細小。

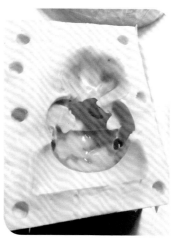

7 如果怕有色皂液移位，或有凹陷之處（例如：豬鼻子、豬耳朵），可先填上一層底色皂液固定。

三月舞櫻花

　　粉紅、白色、紅色的櫻花，滿滿地綻放在樹上，好像告訴我們春天即將來臨。
喝著香氣四溢的咖啡，看著隨風輕輕飄落下來的櫻花雨，這是多美好但卻短暫的
時光，而 3D 蜜蠟花卻可以把櫻花的美麗永留在身邊。

　　蜜蠟是蜜蜂工蜂分泌的蠟。蜜蜂用蜂蠟在蜂巢裡建出分隔的房間，用來育幼
或儲存花粉。熔點在 62 至 64 攝氏度之間，具有良好的延展性，融化成液狀加入
香氛冷卻後，即可作成蜜蠟花及蠟燭。加入香氛的蜜蠟花香氣宜人，易保存。裝
飾在蠟燭上，當暖暖的燭光燃起，薄而透的蜜蠟花香氣飄散，更添生活的情趣。

作者簡介 Introduction

賴淑美

· 皂禾工房 負責人
· 香草工房苗栗店 店長
· 台灣香草手工皂藝術發展協會 理事

· FB：苗栗香草
· FB粉絲團：苗栗香草工房

經歷：

· 手工藝（工、商、協）會 手工皂師資班課程 講師
· 香草工房有限公司 手工皂暨保養品專任講師
· 社團法人苗栗縣心出發協進會、苗栗縣職業總工會、社團法人中華民國職能技藝推廣協會、社團法人台灣鵸力灣協會、社團法人新竹縣長幼身心發展協會、社團法人台灣社區活化協會－產業人才投資方案手工皂暨保養品 講師
· 救國團苗栗縣團委會 手工皂教師
· 竹南鎮公所手工皂DIY研習班 教師
· 中國老人教育協會附設老人社區大學 手工皂講師

工具介紹 Materials

1 擀麵機：把蜜蠟片擀薄

2 溫熱機：把蜜蠟片回軟易操作

3 鋼杯：放在溫熱機上盛水

4 竹籤、剪刀、糖花筆

製作方法 How to make

蜜蠟片的製作方式

1 把15克天然白蜜蠟融化（蜂蠟顏色較黃不易調色）。

4 脫模。

2 加入蠟燭染料拌勻（不可加水性染料）。

5 分一半放入溫熱機上的鋼杯水中浸泡幾秒回軟。

3 倒入約500～600克的小土司模。

6 把溫熱好的蜜蠟片置於兩片矽膠墊片
裡，放進擀麵機中一次一次慢慢的擀
成薄片狀。（擀麵機旁有數字可由大的數
字慢慢往數字小的做調整）

🍒 花瓣的製作

1 先用紙畫出花瓣形狀、再以此紙模在
蜜蠟薄片剪成5片水滴花瓣形。

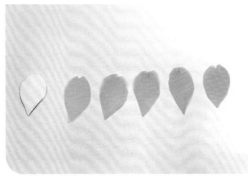

2 在每個花瓣尖剪出小的倒三角形。

3 每一片花瓣在塑形之前都要放入溫水
浸泡然後馬上拿起，有了軟度才容易
擀出花瓣的紋路。

4 在厚的海綿墊片上用竹籤輕輕的擀出
花瓣的紋路備用。

 花蕊製作

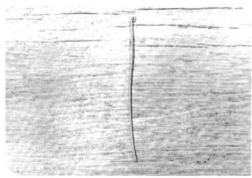

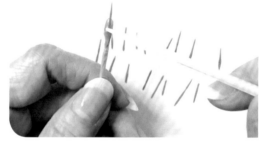

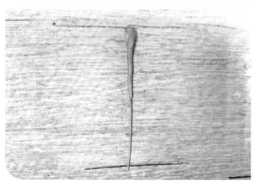

1 鐵絲用鉗子折成一小彎形並把綠色的
蜜蠟片包覆當花薪的部分。

2 把一小片蜜蠟片放入溫水回軟,用手
搓成細小的花蕊,並用竹籤一一黏到
花蕊的周圍壓平。

花瓣的組合

4 剪5個半橢圓形當花托。

3 把花瓣一一用竹籤擀平，最後一片花瓣要放入第一片花瓣的裡面才有收尾的感覺。

🍎 蠟燭體的製作&組合

3 待油脂有些凝固時，可組合完成。

1 大豆蠟80克、乳油木果脂10克、荷荷
芭油10克加熱融化，待降溫至75℃～
80℃加入香氛5克攪拌均勻。

2 取一容器放入燭芯並固定好，倒入油
脂（可先倒一些油把燭心固定，以免
太多油脂燭蕊會浮起晃動）。

四月繽紛牡丹

　　百花之王──牡丹花，花語是圓滿、富貴。

　　精油、茶香、音樂都在空間飄散著……慢慢地把皂花瓣一片一片的捏平，然後再一一組合，捏花真的是好療癒。

　　喜歡捏花是因為不用準備很多的工具，就可以捏出獨一無二的作品，很能代表個人的特色作品。深深覺得一個賞心悅目的手作其實是時間和耐心換來的。

　　牡丹是中國傳統的名花，花朵大而且美麗、高雅，形、色均富於變化。一株牡丹有十至一百朵的花，其中也有達到千朵的紀錄，牡丹象徵著「富貴」和「繁榮」，給人華麗富貴的感覺。身為客家人的我自小就常常在客家花布上看到牡丹花，覺得很通俗，可是當我接觸它時，細細地看著千變萬化的牡丹花，其一層層動人的花瓣微亂、微彎，盛開時、含苞時，都有不同的美，雍容華貴地綻放，真的堪稱花中之王、國色天香呀！

皂土的配方 Formula

用肥皂捏塑皂土是很重要的事，要不黏手、Q彈及具有延展性。

油 品	油 量
天然蜜蠟	10g
椰子油	200g
棕櫚油	100g
橄欖油	140g
蓖麻油	50g
氫氧化鈉	77g
水量	192ml
精油	15ml
溫度	40℃～42℃

製作方法 How to make

皂土的製作

之前有學生反映同樣的配方做出來的質感不一樣，是因為不同廠商的油脂軟硬度不見得會一樣。

1 油脂備好。

2 氫氧化鈉入純水攪拌均勻降溫。

3 先把蜜蠟和硬油溶化清澈。

4 再加入其他油脂，溫度不超過40度。

5　把鹼水入油脂（溫度約35～40），攪拌至Trace加入精油及染料調色。

6　不要添加會加速的香精或精油，保溫1～2天脫模，可以置入夾鏈袋中以免皂土乾硬不能使用。

顏色的添加

1. 珠光粉：顏色較易掌握，若不夠明亮可再添加其它的粉類。

2. 植物粉：易褪色、顏色不夠明亮，較少以此調色。

3. 礦泥粉：顏色較暗沉。

4. 色粉：只需要添加一些即可，否則顏色太亮。

5. 食用染料：有些顏色不耐鹼，成皂後不如預期，但可於事後在皂土補色。

6. 二氧化鈦粉：用於調白色皂土，若是水性二氧化鈦粉可先溶於水中或添加在鹼水中。若是油性二氧化鈦粉可溶於油裡先調勻。

7. 顏色添加後可以裝入耐熱耐鹼袋中，置於保溫箱中保溫。

🍎 牡丹花的捏塑與組合

A
盛開的
牡丹

1 先把皂土搓成尖小水滴型3個、頭部微彎。

2 取一點紅色皂土黏在尖端部分。

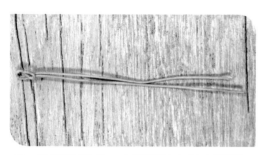

3 把鐵絲摺成一小彎度防止皂土脫落，鐵絲若太細可以對折增加支撐花朵的力量。

4 取一皂土包覆鐵絲彎折的部分。

5 把3個微彎的花房一一黏貼在花軸，呈現三角鼎立的形狀。

6 把黃色皂土放在濾網上用力壓。

10 把花瓣放在手心中用手的彎度做成拱狀。

7 把花絲依序黏上。

8 取皂土分5小塊用手慢慢壓成小橢圓形。

11 依序把花瓣黏在花絲的外圍，每片花瓣底下可以用竹籤擀平壓緊。

9 每片花瓣可用竹籤擀薄。

12 黏完最後一片（第五片）的花瓣
必須塞入第一片花瓣的裡面。

B
含苞的
牡丹

1 先在鐵絲上放上小圓球。

2 依序黏上第一圈5片花瓣。

13 第二圈花瓣可以比前一圈花瓣大
些或補加一片花瓣，如此依序到
4～5圈。

3 第二圈花瓣比第一圈的花瓣高一些。

4 第三圈花瓣比第二圈花瓣更大，做一包覆組合。

5 可以加一些葉片在花朵側邊。

2 用竹籤擀平。

葉片的製作

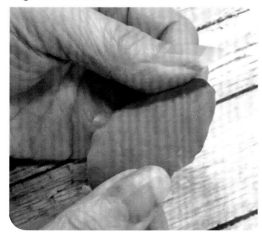

1 取綠色皂土慢慢用手捏成薄片橢圓狀。

3 用牙籤畫上葉脈。

🍎 皂體底座的製作

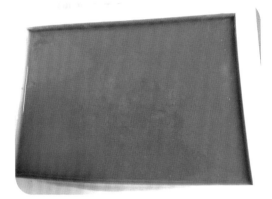

皂液trace後，加入適量的2款食用藍色染料（不同品牌的藍色）入土司模，因為是食品級染料，所以初步看起來走色得非常嚴重。

🍎 組合

把所有的牡丹花依序插上皂體上，並用葉子做穿插。

🍎 底座的裁切

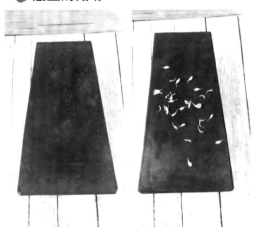

成皂後，皂體的顏色意外地呈現紫色色調，把它裁切成梯形，一面用茉莉乾燥花做一點裝飾。

也可裝飾成小花籃放在窗邊的桌上，微風吹來讓皂花淡淡的香氛飄溢滿室。

晶透水漾液態鈉皂

沒有最好的配方，只有最適合的配方。
掌握好油品脂肪酸特性，鈉皂液態、固態隨您高興。

作者簡介 oduction

謝沛錡

- ·手工藝（工、商、協）會 手工皂師資班課程講師
- ·產業人才投資方案 芳香精油調配課程講師
- ·英國TAS芳療師協會證照
- ·美國NAHA國家整體芳香療法協會證照
- ·加拿大CFA聯邦芳療保健師協會證照
- ·英國IFA芳療師協會證照

皂化反應（Saponification）

　　皂的基本要素是：1.油脂、2.鹼（氫氧化鈉或氫氧化鉀）、3.純水。這三種原料按照比例均勻混合後，產生肥皂的過程就是「皂化反應」。

　　皂化反應的過程中，皂液的溫度會緩慢上升是一種較慢的放熱反應，以下三種方式可以讓反應速度加快：

1.加熱使反應速度加快。

2.持續攪拌溶液以增加分子與分子之間的碰撞機率。

3.加入酒精催快皂化反應的速度。

傳統手工皂種類

　　一般傳統的手工皂分為三大類：

1.油＋氫氧化鈉＋水＝不透明固態鈉皂

2.油＋氫氧化鈉＋水＋酒精（乙醇）＋糖＋甘油（丙三醇）＝透明固態鈉皂

3.油＋氫氧化鉀＋水＝透明液態鉀皂

然而，只要稍微改變油脂比例，就可以讓透明固態鈉皂變成「晶透水漾液態鈉皂」。

50%（油＋氫氧化鈉＋水）

＋　　　　　　＝晶透水漾液態鈉皂

50%（酒精＋糖水＋甘油）

最早的透明皂始於1789年倫敦的安德魯皮爾斯（Andrew Pears）開始製造高品質的透明肥皂，台灣國民教育國、高中的化學課也有透明皂的教學。

脂肪酸鈉鹽是離子化合物，如果濃度很低時，它是溶在水中的（實際上可溶，因為他們可形成微胞的形式溶在水中），但是如果高濃度的脂肪酸鈉鹽，它會聚集在一起而凝集形成了不透明肥皂。透明皂的定義：能看清皂體後面手指的肥皂或切成6.35mm的皂塊能看清4號14點印刷字體的肥皂。

在製作「水漾液態鈉皂」時，必須要注意到所選用的油脂，盡量選擇顏色清澈透明或顏色比較白的油脂，有些油脂在經皂化後所呈現出的透明感會優於其它油脂。

在透明肥皂的配方裡，常用的分散透明劑有：甘油、酒精、白砂糖、冰糖、多元醇…等，因為這些原料能分散稀釋皂的濃度，讓皂不容易產生結晶。

透明皂的結晶是很細小的顆粒，隨機且鬆散的排列讓光線容易穿透而透明，結晶率越低則透光率越高，皂的透明度也越好。

但是透明劑一但添加太多，肥皂的硬度及起泡力是會因此下降的。

為何要加入乙醇（酒精）？

乙醇的物理性質是一種很好的溶劑，既溶解許多無機物也能溶解有機物，皂化反應中加入乙醇的目的，是增加油脂在鹼液溶液中的溶解度，因而加快皂化反應速度，乙醇本身並沒有參予皂化反應，水漾液體鈉皂加入乙醇，除了加速皂化反應外，同時也分散稀釋脂肪酸鈉鹽的結晶，讓光線可以直接穿透而有透明效果，但是乙醇會揮發讓皂液的結晶恢復凝結而不透明。

為何要加入透明劑（糖及多元醇）？

　　為了維持皂液的流動性和清澈效果，在乙醇混合油脂與鹼液之後，添加透明劑如：糖水及多元醇，來增加分散作用：

一、可以確保鈉皂液體的結晶狀態，不會因凝結之效果而不透明。

二、多元醇類物質對皮膚有保濕功效，讓洗後的肌膚不會乾澀，達到溫和清潔的效果，一舉數得！（添加物質可依個人需求做變化，達到量身訂做的獨特性）

白糖、紅糖與冰糖

　　將甘蔗或甜菜壓出汁，濾去雜質，再往濾液中加入適量的石灰水，中和其中所含的酸，再過濾，除去沉澱物質，將二氧化碳通入過濾液體中，使石灰水沉澱成碳酸鈣，再重複過濾，所得濾液就是蔗糖的水溶液了。

　　將蔗糖水溶液放在真空器裡減壓蒸發、濃縮、冷卻，就有紅棕色略帶黏性的結晶物質析出，這就是紅糖。

　　想製造白糖，需將紅糖溶於水中，加入適量的活性炭，將紅糖水中有色物質吸附後，再過濾、加熱、濃縮，冷卻濾液後，一種白色晶體——白糖就出現了。

　　白糖比紅糖純得多，但仍含一些水分，再把白糖加熱至適當溫度除去水分，就得到無色透明的塊狀大晶體——冰糖。由此可見，冰糖的純度最高，也最甜。

多元醇

1.甘油，丙三醇Glycerol（Glycerine, Glycerin, Pflanzliches Glycerin）

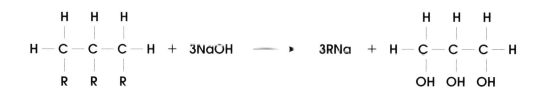

分子量：92.09　　　　Cas No：56-81-5

透明無色黏稠液體，溶於水會吸收空氣中的水分，用途：潤滑劑、助溶劑、防凍劑、防腐劑、塗料添加。

柔軟、保濕、卸妝溶劑及潤滑劑，用於肌膚時，絕不可直接使用未經稀釋的甘油，會造成反效果。

屬小分子保溼成分，在多元醇的保濕劑中，以甘油的保濕效果較為顯著，可將水分留在角質層，並有防止化妝品乾裂之功能，故廣為使用於各種化妝品中。1克的甘油可吸附0.6克的水，抓水比例並不高，在濕度高的環境下，甘油的保溼效果較佳。

2.1, 3-丁二醇（CTFA命名為Butylene Glycol）1.3-BG

是透明、無色、味道極淡的液體，長期被應用於頂級保養品中當高效能保濕劑，也可做為潤膚劑、活性成分之溶劑和香精助溶劑。

3.1, 3丙二醇INCI NAME： Propanediol

天然玉米來源、有機多元醇保溼、溶劑，用以取代1, 2-丙二醇及丁二醇。保濕力比1, 2-丙二醇及1, 3丁二醇高。無黏滯性、無灼熱感、無敏感刺激性問題。

4.山梨糖醇C6H14O6（Sorbitol），是一種己六醇

它可做為食品添加劑，用於提高食品保濕性，或做為稠化劑之用。可作甜味劑，如常用於製造無糖口香糖。也用作化妝品及牙膏的保濕劑、賦形劑，並可用作甘油代用品。也是生產維生素C的主要原料。

5.多元醇抗菌防腐劑

符合成本效益的優化防腐劑，提供護膚品可靠的保護。水溶性質，化學特性穩定，不受pH值影響。

晶透水漾液態鈉皂為了達到作品晶瑩剔透的標準，油品請盡量挑選淡色的軟油，椰子油、棕櫚核仁油也是以淡色為選擇標準。同時請注意挑選硬脂酸含量偏低的淡色軟油。

晶透水漾液態鈉皂實作重點

1.飽和脂肪酸30%以下VS不飽和脂肪酸70%以上的黃金比例

飽和脂肪酸比例過高會影響皂液的流動性與透明度，原因是飽和脂肪酸的碳鏈是直鏈排列，容易形成整齊排列的結晶體，而使皂液凝結不易流動；不飽和脂肪酸的碳鏈因有雙鍵插入造成碳鏈彎曲，本身不整齊也妨礙了直線排列成結晶體，讓皂液容易流動。若飽和脂肪酸比例偏高，會讓皂液容易固化形成凝膠（果凍）狀態。

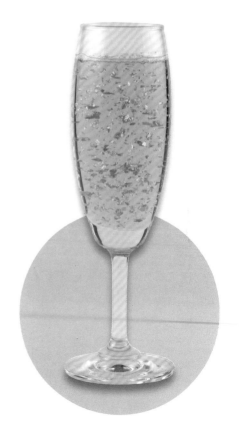

同樣是飽和脂肪酸，因脂肪酸碳鏈長度不同，成品的流動性也會有差異。

2.真皂率的含量

固體皂與液體皂的真皂率要求不同，才會有不同使用上的差異。固體皂的真皂率在95%以上，因此不太需要抗菌防腐劑的添加。液體皂的真皂率45%～50%，其中50%～55%是透明分散溶液（酒精、糖水、多醇類……），為了確保產品的使用安全，建議酌量添加耐鹼抗菌防腐劑。

3.多元醇的添加

除了已介紹的甘油、1, 3-丙二醇、1, 3-丁二醇、山梨糖醇等多元醇可以讓皂液清澈透明外，精製白糖和冰糖水溶液也有相同的效果。

4.溫度的控制

乙醇的沸點是78.5攝氏度，因此皂液加入乙醇後的加溫皂化反應過程，要特別注意溫度不要太高，否則皂液容易突然沸騰，也要防止皂化反應過程乙醇揮發太多，以致液態鈉皂的皂體容易凝固而結塊。

 示範配方 formula

$$晶透水樣液態鈉皂900克重＝ \frac{450克皂重（油＋NaOH＋純水）}{＋} 450克分散透明劑重（酒精＋糖水＋甘油＋香氛＋抗菌劑）$$

皂重（油＋NaOH＋水）：450克
總油重：300g

油 脂	比 率	×皂化價	備 註
1.冷壓椰子油	18%	54g×0.19=10.26g	
2.紅花籽油	32%	96g×0.136=13.05g	飽和脂肪酸22.8%
3.蓖麻油	20%	60g×0.1286=7.71g	不飽和脂肪酸77.2%
4.甜杏仁油	30%	90g×0.135=12.15g	
合計	100%	43.17g	

示範配方（油品配方比例）皂化價請供應廠提供
＞NaOH：43.17g=43g
＞純水約鹼量的2.2～2.4倍：43g×2.4＝103g

此示範配方各類脂肪酸組成比例：

脂肪酸組成		含有量（%）
Caprylic acid / 辛酸	8:0	1.4
Capric acid / 葵酸	10:0	1.1
Lauric acid /月桂酸	12:0	8.5
Myristic acid / 肉豆蔻酸	14:0	3.2
Palmitic acid / 棕櫚酸	16:0	6.0
Palmitoleic acid / 棕櫚烯酸	16:1	0.2
Stearic acid / 硬脂酸	18:0	1.7
Olein acid / 油酸	18:1	47.2
Linoleic acid / 亞麻油酸	18:2	12.2
Linolenic acid / 次亞麻油酸	18:3	0.0
其他		17.6
不飽和脂肪酸含有量（%）		77.2

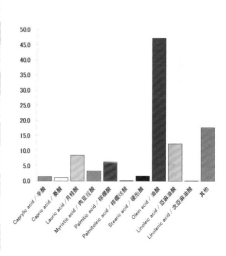

450克分散透明劑重（酒精＋糖水＋甘油＋香氛＋抗菌劑）

品　名	％	重量（克）	備　註
精緻白糖	20%	450×20%=90	此為A杯，步驟：
純水	20%	450×20%=90	1.A杯：精緻白糖90克重先與純水90克重，充分攪拌均勻，溶於水中。
酒精	40%	450×40%=180	2.A杯續加入酒精180克重。
甘油	14%	450×14%=63	3.A杯續加入甘油63克重。
精油（香氛）	4%	450×4%=18	此為B杯
多醇類抗菌劑	2%	450×2%=9	此為C杯

Ps. 進階應用可加入適量的多醇類保濕劑讓洗感升級。

How to make
製作方法

皂液製作過程

1 鹼水倒入不鏽鋼油鍋或適當的耐熱耐鹼玻璃容器（如圖）中充分混合，以電動攪拌棒打到trace（皂液表面看不到油光），先加入A杯50%溶液充分攪拌均勻（完全沒有固態的皂）。

2 將皂液倒入有蓋耐熱玻璃或不鏽鋼容器，將容器上蓋（或用保鮮膜封住容器口）放入水浴鍋隔水（水溫約攝氏80～90度左右）加熱約10分鐘，這時皂液表面會有一層白色的物質，底部是澄清透明的皂液，接著倒入剩下的50%A杯溶液繼續隔水加熱15分鐘，當看到皂液完全清澈透明時，請打開容器的蓋子（或保鮮膜）。

3 打開容器蓋子（或保鮮膜）邊隔水加熱邊攪拌（請關火），慢慢攪拌到15分鐘時間到，取出容器隔水降溫（繼續攪拌讓酒精揮發，同時可秤前後皂液重量得知酒精蒸發掉的重量）（900g－840g＝約60g酒精）。

4 皂液降溫到攝氏40度上下後，倒入B杯精油（香氛）和C杯抗菌劑，充分攪拌均勻。

5 完成的皂液可依個人喜好滴入水性耐鹼安全色液調色，也可以依照不同比重調出分層的液態鈉皂。

水漾液態鈉皂的分層技巧

1 將完成後的皂液分成7杯每杯100g，並插上有標示數字1～7的攪拌棒，同時計畫好要怎麼配色。

2 另外準備1杯100g的甘油，分別倒入由比例多最底層的到比例少的最上層：1.／30g、2.／24g、3.／19g、4.／14g 5.／9g、6.／4g、7.／0g。

3 由比重最重的皂液做底層，慢慢倒入比重輕的皂液，可以分成幾組不同比重的搭配，例如：1.3.5.7／2.4.6／3.5.7／2.5.7／1.4.7等等。

暗夜中的精靈

　　喜愛貓頭鷹的大眼，更為牠的 2/0 度頭部旋轉感到好奇，只能用可愛兩字形容。看似可愛的牠，卻是靈敏度極高，對夜間適應度極佳的飛禽，有時會被牠的外表所騙，忘了牠外表之下的兇性。

　　如果我們想讓自己過得開心，就真得往好處想，把對方好的一面留存在記憶中就好，例如把貓頭鷹最天真的模樣用皂記錄下來，也獻給喜愛貓頭鷹的你們。

Introduction 作者簡介

楊 塵

- ·有空來作手創館 負責人
- ·手工藝（工、商、協）會 認證講師
- ·嘉義市慈濟社大 手工皂講師
- ·嘉義縣大林慈濟醫院 手工皂講師
- ·美國惠爾通藝術蛋糕裝飾1.2.3級認證
- ·英國PME翻糖造型裝飾認證
- ·英國PME裱花拉線藝術蛋糕裝飾認證
- ·英國PME糖花藝術蛋糕裝飾認證

Materials 材料與工具

> 皂黏土　　> 精油
> 泰勒膠　　> 玉米粉
> 白棒　　　> 葉模
> 壓盤

Formula 皂黏土配方

油 脂		鹼 液	
椰子油	150g	氫氧化鈉	103g
棕櫚油	150g	純水	247g
橄欖油	200g		
榛果油	100g		
米糠油	100g		

> 精油20ml：薰衣草、雪松、尤加利、苦橙葉
> 粉類添加物：綠礦、綠珠光、有機胭脂樹、橘珠光、備長炭

皂黏土作法

將脫模後的手工皂，分成小坨攤平，使它的水分蒸發，約晾皂三到四週即可使用。

Ps 1. 可在喇皂時調色，亦可事後再調入顏色。

Ps 2. 將少許玉米粉灑在皂黏土上面，可以防止沾黏。

製作方法 How to make

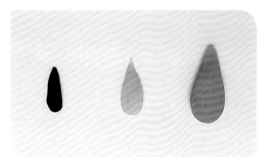

1 分別搓出橘色（大）、黃色（中）、黑色（小）水滴，壓扁。

2 橘色、黃色、黑色的扁水滴，用泰勒膠堆疊黏土待乾備用。

3 搓一胖水滴做貓頭鷹的身體。

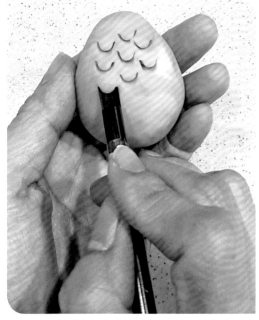

4 用工具做出身體上的羽毛。

5 搓2顆白色圓球做眼睛。

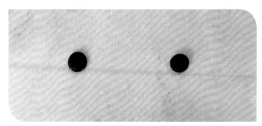

6 搓2顆黑色小圓球做眼球。

7 搓一紅色水滴，前面捏尖並做為貓頭
　鷹的嘴巴。

9 搓出2個胖水滴壓扁，用白棒畫出翅
　膀羽毛的紋路，並用剪刀剪出羽毛的
線條。

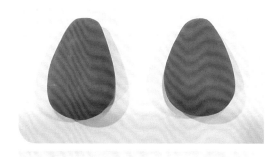

8 搓一兩頭微尖的長條，用切刀畫出紋
　路，做出頭冠的V型。

10 搓2個水滴，稍微壓扁，用切刀畫
　　出腳趾。

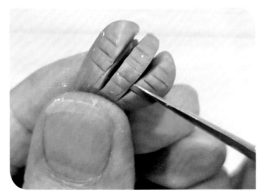

11 用切刀畫出腳趾紋路。

12 搓一黑色水滴壓扁，將眼睛周圍的羽毛，插入扁水滴內固定。

13 將眼睛、嘴巴、頭冠、羽毛全部組合一起，並調整翅膀的姿態。

14 搓兩條咖啡色長條，用切刀畫出樹的紋路。

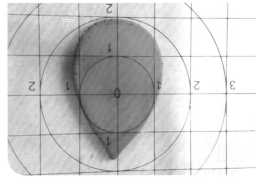

15 搓一綠色水滴，壓扁後用白棒畫出葉脈。

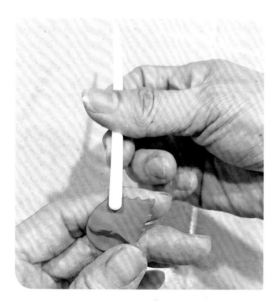

16 用白棒在葉子邊緣做出皺褶。

17 搓一紅色圓球，中間戳一個小洞
作為果實。

三合院古厝

 作者簡介

陳孟潔

· 皂房手作生活館 負責人
· 手工藝（工、商、協）會 認證講師
· FB粉絲專頁：皂房手作－幸福製皂時光
· 官網：https://soaphouse.tw/

 配方比例

油 品	比 例
椰子油	20%
棕櫚油	23%
橄欖油	50%
蓖麻油	7%
合計	100%

> 純水2.5倍
> 添加物：紅礦泥粉、精油：2～3%
　　　　　（可自行調整）

 工具&配件

1. 堅固底板25公分×20公分一塊、仿石紋貼布（紙）

2. 餐墊大（約35×30公分）／小（約10公分×15公分）各一張、切皂器、線刀、高度墊片（0.2公分、0.4公分）、筆刷、水杯、純水、切割墊板、美工刀、直尺、塑膠工具棒、木質雕刻刀

※小撇步：餐墊選擇表面平滑的塑膠材質即可。藉由兩片餐墊的摩擦，在片皂時推動拼貼皂塊比較省力。

※0.4公分墊片製作：取兩支厚度各0.2公分冰棒棍，再使用白膠黏合2組即可。

 製作方法

 主體製作

1 準備主體皂塊7×7×20cm。

2 將主體皂塊裁切成以下所需的尺寸。

編號1：長8cm×深3.5cm×高5.8cm
編號2-1：長5cm×深3.5cm×高5cm
編號2-2：長5cm×深3.5cm×高5cm
編號3-1：長4cm×深3.5cm×高5.8cm
編號3-2：長4cm×深3.5cm×高5.8cm
編號4-1：長4cm×深3.5cm×高5cm
編號4-2：長4cm×深3.5cm×高5cm

3 屋頂斜角度製作方法：分別將每塊主體側面，在左右邊緣由上往下各測量1.5公分處畫上記號、上方邊緣中間點畫上記號。

4 將測量好的主體放在切皂器上，線刀鋼線貼齊切皂器，左、右記號分別調整對齊中間點的記號往下裁切。

5 刷具沾取純水在主體側邊均勻塗刷。

6 將主體相互黏貼結合。

🍒 古厝拼貼

1 準備拼貼皂塊。

★貼心小叮嚀
拼貼皂請在脫模後當天開始製作，接觸空氣會因皂體水分揮發變硬而不好進行片皂。建議使用塑膠袋、保鮮盒保存，近日內盡快製作完畢，保存時注意室內溫濕度勿過高，皂體容易因而變質。

2 紅礦泥拼貼皂塊（長10cm×寬7cm×高7cm）：使用線刀用0.4公分高度墊片。

3 片下7片皂片。

4 白色拼貼皂（長10cm×寬7cm×高7cm）：取皂塊不需墊片使用線刀片下8片皂片。

5 將片下的皂片使用刷具沾取少量的純水，均勻塗抹於預黏合皂片。

7 將組合好後的拼貼皂90度轉向。

8 不需墊片，使用線刀全數片完。

6 將白色與紅礦泥皂片交錯堆疊拼貼。

9 白色拼貼皂：取約長7cm×寬7cm皂塊，不需墊片使用線刀片下30片皂片。

10 片下的白色皂片與紅礦泥皂片排列堆疊。

11 將預產生交錯的紅礦泥皂片稍微向右挪貼。

12 10片白色皂片與9片紅礦泥皂片可拼貼出一個組合。

13 拼貼好的皂塊，將週邊不平整處進行修齊。

14 完成三組牆面拼貼皂。

15 將拼貼好的皂體用0.4公分高度墊片全數片完。

🍎 牆面組合

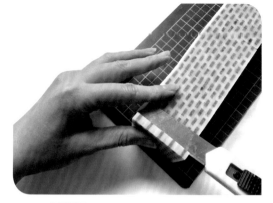

2 邊緣多出來的拼貼皂使用刀片裁掉切齊。

1 將拼貼皂片塗刷上水,緊密黏貼於主體四周。

3 主體牆面完成。

Ps. 此步驟完成後,即可將主體底部黏貼固定在底座上。(底座材質為貼布,可將主體底部塗刷上水亦可黏合固定)

2 將屋頂皂片於每一個間距寬度做一個溝槽。

※小撇步：拼貼牆面時，在接合處如產生小縫隙或裂痕時，塗抹少量水後，再利用工具或指腹以推抹的方式即可黏合。

3 使用半圓雕刻刀刻印出屋頂瓦片紋路。

🍒 屋頂、門窗、圍牆

1 屋頂

4 雕刻刀傾斜插入後，再往上提，可製造出瓦片的立體效果。

1 使用0.2公分高度的墊片，測量屋頂實際所需的皂片數量再行切割尺寸。

5 將屋頂瓦片全數雕刻完成備用。

1 測量好需要的門窗尺寸大小與數量。

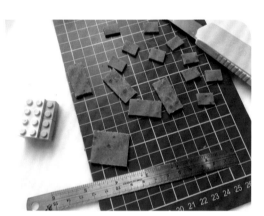

4 可使用直尺或符合尺寸的物品,來做框型壓印的記號。

2 將其裁切完成備用。

5 於框型內使用雕刻平刀由內往外平推的方式,刨掉約0.2公分深度的皂片。

3 於拼貼皂體測量窗、門位置。

定位
屋頂瓦片、
門窗

1 刷具沾取少量水塗抹於屋頂瓦片背面。

2 調整角度位置黏貼固定。

4 屋頂的溝槽可利用修皂時所剩餘的皂條，黏貼於屋頂上方溝槽縫隙中。

3 窗、門框周圍刷上些許水，將窗、門黏上。

5 多出來的皂條使用刀片修齊。

3 圍牆

1 將拼貼皂剝離圍牆適合的高度。

2 裁切需要的長度。

3 塗上水沿着主體周圍黏合，圍起一道圍牆。

佈置&裝飾

材 料：草皮紙、樹木模型、風穀機模型。

1 將草皮紙黏貼在圍牆外圍。

2 沿着牆面將樹木黏合。

3 放入風穀機擺飾。

佈 置參考：可運用不同的素材與巧思，佈置出別有一番風情的場景哦！

4 貼上春聯。

5 作品完成。

韓式裱花蛋糕皂 *The Flower Soap Cake*

　　很開心新北市手工藝業職業工會各位老師能再度出第二本合集，第一本是美好開始，這本書是各位老師們的精神延續。2017年是一個忙碌的一年，每月、每季進修來自各地大師研修課程及出國進修，不敢去想課程費用及時間成本，最重要是在研修課程獲得什麼，明白了解什麼，清楚明白有系統的訓練方式交給學員們。做為一個傳授知識技術的講師，因為對花草的熱愛，學習不同領域跟花草有關的進修課程是必要的，豐富自己也豐富別人的生命。

　　每次教學後常常收到學員們認真練習的照片，課堂結束後認真練習才是成功不二法門，所有的練習都能淬鍊出更純熟的技巧，在此單元裡希望大家能獲得想要的技巧與知識，相信喜歡擠花的朋友跟我一樣熱愛花草生活，擠出心中最美的花朵！

作者簡介

王馥菊 Joyce Wang

· 華趣手工皂坊 負責人
· 手工藝（工、商、協）會 手工皂師資班課程講師
· 韓國全球裱花設計高階證書
· Natural Korea Design Association證書
· 韓國花藝協會高階證書
· 首爾花卉蛋糕協會高階證書
· 美國NaHa初階芳療師
· 台灣文化創意教育發展協會 理事

· 《手創新視界-手工皂》韓式擠花作者
· 《自然風！韓式擠花蠟燭》作者

 ## 工具&配件

烘焙紙、花釘、花嘴、花釘座、花剪、
剪刀、轉接頭、色粉、珠光粉、手套、
刮板、刮刀、量杯、擠花袋、測溫槍、
攪拌棒、多次貼紙、不鏽鋼鍋

配方比例

A	純水（母乳、豆漿、羊奶）2.5倍	312g
	NaOH	125g
B	椰子油	320g
	棕櫚油	154g
	橄欖油	130g
	澳洲胡桃油	100g
	蓖麻油	80g
	蜜蠟	16g
C	精油（選擇無色不加速皂化精油）	20ml

皂體製作方法

· 先將蜜蠟與棕櫚油先融解清澈，依序加入其他油脂，讓油的溫度不要超過35度以上，油鹼溫度約控制在35度C以下，皂液溫度不要過高，以免皂化速度過快產生果凍現象。使用乳製品融鹼，成皂的皂花偏米黃色。

· 建議油鹼混合後，先手打15分鐘，再分杯電動打至需要的濃稠度擠花。

· 電打完再用攪拌棒攪拌，延緩皂液馬上變硬。

· 五吋蛋糕皂坯體可用上面的配方，於前一天製作完成脫模，隔天預備裝飾使用。

· 五吋蛋糕皂顏色分層總皂液：630g（215g純白／100g綠色／215g純白／100g綠色）。

· 書中調色使用珠光粉、礦物粉、黃色食用色素3號。

· 蛋糕皂組裝完成需要在兩個小時內，使用美工刀切才比較好切及有美麗的刀面。

韓式裱花作法 How to make

🍎 葉子（花嘴：#103）

1 在花釘上黏上烘焙紙。#103花嘴粗口朝上12點鐘方向，擠出飽滿葉脈。

2 輕貼在右側擠出第二個葉脈。

3 輕貼在左側擠出葉脈。

4 以第一瓣為中心，向兩側右左擠出葉脈至合宜大小葉型。待硬準備組裝使用。

🍎 羊耳葉（花嘴：#104）

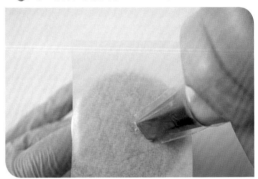

1 #104花嘴粗口朝下方，花嘴11點角度。

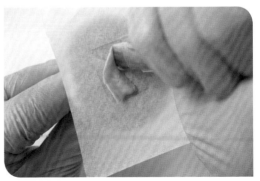

2 花嘴11點角度從下方往上擠出皂液，輕輕上下抖出葉脈。在12點方向停住，花嘴往上翹一點、出一點力擠出尖尖的葉尖。

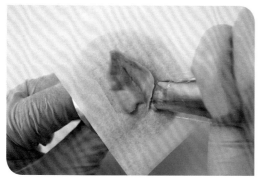

3 再從上擠到下擠出完美葉型。待硬準備組裝使用。

3 三層結束的綠色花瓣，接下來可以換喜愛的顏色花瓣花嘴準備換色。

 陸蓮（花嘴：#124K）

1 花釘中間擠出一個基柱。花嘴12點角度擠出花芯。陸蓮需要使用兩個124K花嘴，中心是綠色。

4 每一層花瓣五瓣要交錯，擠出比上一層略高有層次的花瓣。約4～5層黃色花瓣。

2 花瓣數為1→3→5三層含苞較短的花瓣。

5 陸蓮準備盛開，花嘴從下方擠出比含苞花芯高的花瓣。

🍒 **奧斯丁玫瑰（花嘴：#124K）**

6 比含苞花芯高的花瓣共五瓣，邊擠邊轉動花釘。

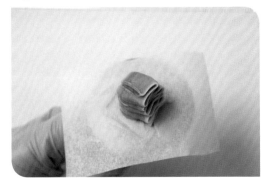

1 花嘴左右向，擠一個基柱超過花嘴一半高。

7 擠出全盛開的陸蓮花，花嘴要平貼基柱，每層往低一點。擠出2～3層盛開花瓣。

2 #124K花嘴粗口朝下方，輕靠在基柱中間擠出一個星星，邊擠邊逆時鐘轉動花釘。

8 完成圖。

3 五角星完成圖。

4 在每個星瘠上擠上略高的花瓣。

7 完成多層次花芯,接下來在每兩個星瘠中間擠出兩層略短小花瓣。

5 全部星瘠擠上第一層略高的花瓣,再擠一層總共兩層。

8 用比花芯高的五瓣把花芯包覆起來,展現含苞的樣子。

6 在每個星瘠上反方向再擠出略高的兩層。

9 包覆完成花芯,花嘴2點鐘方向,擠出開花花瓣,約4～5瓣都可以。

10 花嘴3點鐘方向擠出比上一層略低花瓣約4～5瓣，即完成。

3 銀蓮花花瓣兩層每層五瓣。花嘴45度角第一瓣擠出扇型花瓣，邊擠邊輕輕上下抖動有微微花脈的樣子。

🍎 **銀蓮花（花嘴：#104、#2）**

1 #104花嘴粗口朝下邊擠邊轉動花釘，擠出一個圓盤。

4 每一瓣接在上一瓣後面，擠出平均五瓣。

2 圓盤需擠上兩層相同大小。

5 最後一瓣，花嘴微微懸空擠出交疊的花瓣。

6 第二層在第一層兩瓣之前，擠出交錯平均的花瓣。

9 在花芯中心旁點上一圈自然的斑點，完成。

7 兩層花瓣完成圖。

🍎 鬱金香（花嘴：#61、#122）

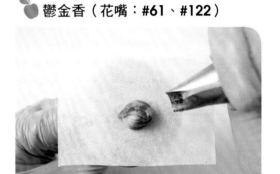

1 用#61花嘴粗口朝下擠出一個小基柱約1公分。

8 使用#2花嘴擠出花芯，由旁邊向中心點擠出像毛筆樣子的花芯。

2 在基柱上擠出三瓣，第一瓣花嘴45度角輕貼基柱，擠出有尖型花瓣。

3 三瓣小花瓣完成圖。

6 換#122花嘴粗口朝上反手擠，從底部往上擠出花瓣。花嘴11點鐘方向輕切出尖端花瓣。

4 在兩瓣小花瓣中間再擠出三瓣。

7 #122花嘴擠出第二層三瓣交錯花瓣。

5 第二層花瓣完成圖。

8 使用#61花嘴3瓣2層，#122花嘴3瓣2層，每一層都比上一層高，擠出有層次的含苞鬱金香。

🍎 **組裝**

1 組裝前一天準備好坯體，可參照P.97 皂體製作方法。

4 完成圖。

2 使用擠花剩下的皂液，用刮刀輕抹在 蛋糕皂表面，製造出油畫感。擠上一 圈皂液當花朵黏著劑。

3 使用花剪讓花朵定位，花朵排列有些 花朝向外、上。圓的內徑擺放較小花 朵朝內，葉子也可以順勢定位，或插入兩 朵花中間。

一以貫之
蒙太奇手工皂−山水春居

以中國山水畫為設計發想，預想做出山麓間雲彩流動的意象。

作者簡介

蘭可人

　　對手作這玩藝兒有著無可救藥的迷戀，自幼就喜歡胡搞瞎搞，拿個鐵罐頭跟著玩伴在院子裡生個火就丟些鄰家的花花葉葉，看著加入了溫度與水的作用，植物所釋出的天然色澤美麗無比，這些童年有趣的事物在我玩皂的過程中得到大大滿足，愛玩的天性加上滿腦子天馬行空的想法，時時讓我處理正事心不在焉，非擠出時間嘗試否則不能紓解，也「皂」就 這一系列作品的發想。

設計圖稿

配方比例

備料：黑色皂體600g、吐司模

油　品	油　重	硬　度
橄欖油	90g	34.42
椰子油	50g	45.26
棕櫚油	80g	40.70
甜杏仁油	25g	8.51
酪梨油	40g	13.89
合計	285g	142.79

> 備長炭粉：依色彩濃淡而定量
> 氫氧化鈉：41g
> 純水（2.5倍）：104g

 製作方法

 製作春居

1 以600g吐司模做黑色皂體。

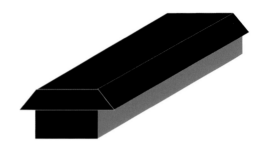

4 以1公分的皂條為屋體，梯形皂條為屋頂，兩者以水黏合即為房屋的形狀。

2 保溫二～三天後脫模，片成厚度約為0.3公分和0.5公分的皂片各一片。

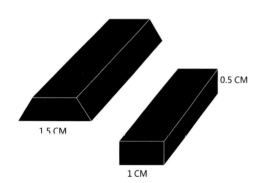

3 再將較厚的皂片切割為1公分和1.5公分的皂條各一條，將1.5公分的皂條上方的直角切除，以呈現梯形的屋頂狀。

5 將0.3公分的皂片錯落排列如階梯狀以水黏合起來，並將房屋一起黏合於上，形成莊園的影像。

製作飛鳥

1 將黑色的手工皂揉成皂土再搓成長條狀。

2 用筷子擀成薄片。

3 用手將其捏成Y字形，再塑翅形為微彎，即呈飛鳥狀備用。

製作背景

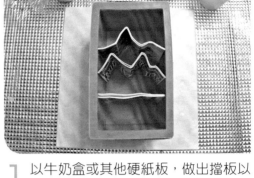

1 以牛奶盒或其他硬紙板，做出擋板以區隔各圖案色彩的皂液。

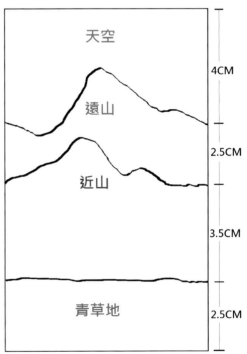

2 大略計算出各區塊色彩的皂液用量。

天空	4×7×7.5	≒210g
遠山	2.5×7×7.5	≒131g
近山	3.5×7×7.5	≒184g
青草地	2.5×7×7.5	≒131g
合　計		≒ 656g

3 為使色彩更為生動，每一區塊再分為深淺兩色。

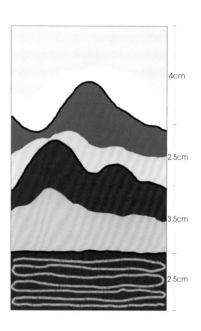

天空	210×70%≒147g	晴天藍	藍色珠光粉略加一些二氧化鈦
	210×30%≒63g	雲白	略加一些二氧化鈦不要太多以免過白
遠山	131×70%≒92g	黛青	藍色珠光粉加綠色珠光粉再加備長炭
	131×30%≒39g	淡黛青	原色皂液加一些調好的黛青
近山	184×60%≒110g	深灰黛青	藍色珠光粉加綠色珠光粉再加備長炭，備長炭多一些
	184×40%≒74g	淺灰黛青	原色皂液加一些調好的深灰黛青
青草地	131×60%≒79g	墨綠	綠色珠光粉加些許備長炭
	131×40%≒52g	黃綠	綠色珠光粉加黃色珠光粉

4cm

2.5cm

3.5cm

2.5cm

4 將隔板架好在吐司模預設好的位置上。

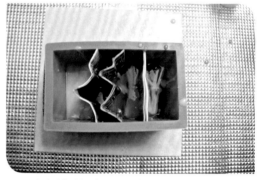

5 在倒皂液時要用手壓著隔板，每一區塊必須分批平均倒入等量的皂液，不可一次倒入過多的皂液量，以免隔板因壓力不均而滑動甚至傾倒。

6 倒色的方式：

· 青草地

墨綠色與黃綠色交錯的線狀倒入。

· 遠山和近山以及天空

淺色皂液在下方深色皂液在上方，全部倒
完後用竹筷子在深淺兩色之間略為畫圈攪
畫一下，有產生流動的線條即可，不要過
度攪拌而使得皂色糊掉了。

8 完成。

7 完成後將事先已築構好的屋居剪影以
及飛鳥，插入預先已規劃好的位置，
靜置一會兒即可放入保溫箱中，保溫2～
3天後取出脫模切皂，晾皂一個月後可使
用。

手工皂的設計魔法－填色皂

手工皂的呈現非常多元，利用色彩及技法創造了不同的風格，近來在手工皂的變化上有擠花、翻糖、雕塑、捏塑、鑲嵌、畫畫等等，讓手工皂更加地吸引人。這些創意表現技法的實際操作，都與色彩及皂液的濃稠度有著密不可分的關係，所以在認識手工皂不同技法前，先從手工皂的基本開始吧！做足功課可以讓你任意做出隨心所欲的變化。

作者簡介 Introduction

甯嘉君

- · 花漾年華手作坊 負責人
- · 正修科技大學 化妝品與時尚彩妝系碩士
- · 教育部審定 專科以上講師
- · 大仁科技大學 時美系講師
- · 樹人醫護管理專科 美保科講師
- · 樹德科技大學推廣部 講師
- · 正修科技大學 妝彩系業界講師
- · 原民大學 講師
- · 救國團終生學習中心 生活藝能講師
- · 手工藝（工、商、協）會 手工皂師資班課程講師
- · 手工藝（工、商、協）會 保養品師資班課程講師

「花若盛開，蝴蝶自來，
人若精彩，天自安排。」

著作：

《幸福四季手工皂》、《素肌美人的手製保養品》、《輕鬆做天然液態皂》、《就是愛天然純淨手工皂》、《就是愛天然手作保養品》、《一學就會的實用液態皂》、《手工皂的設計魔法》

打皂需注意事項

氫氧化鈉：

1. 氫氧化鈉在水中解離成鈉離子和氫氧根離子：$NaOH \rightarrow Na^+ + OH^-$。

2. 白色固體，溶於水中會放熱，對皮膚具有腐蝕性。

3. 易吸收空氣中的CO_2 & H_2O而潮解變質，形成Na_2CO_3。

4. 可溶解油脂、有滑膩感。

5. 製作氫氧化鈉溶液時，解離氫氧根離子OH^-是非常重要的。

水量：

1. 製作手工肥皂主要的重點是在行「皂化反應」，「皂化反應」中就是要將氫氧化鈉解離後的離子與脂肪酸反應皂化成皂。

2. 水的工作就是要將氫氧化鈉解離，一般來説我們製作時會用1.5～3倍水來製作，水量越多，鹼水濃度低皂化速度會長一點濃稠速度慢，反之水量越少皂化反應速度會快一些。

油脂：

1. 每種油脂都有個別的營養價值及其特性，含有不同的脂肪酸，也有不同的型態也蘊含著伴隨脂肪酸的物質「不皂化物」，而油脂中的脂肪酸又可區分為三大類：飽和脂肪酸、單元不飽和脂肪酸、多元不飽和脂肪酸。

2. 皂方的設計是製作手工皂時非常重要步驟，它關係到皂體的色澤、也影響了日後熟成使用的感受。

3. 各油脂的皂化反應速度不同，建議在操作創意技法時，可將容易加速的油脂配比稍做修改，如未精緻的植物油、尼姆油或浸泡油…等，這類油脂製作手工皂時濃稠速度會比一般植物油脂來得快。

4. 不皂化物質：是指不會隨著油脂與鹼液結合而皂化成皂的其他營養素，如：維他命A、D、E、K、類黃酮素、三萜烯醇、角鯊烯、脂肪族高級醇、甾醇。

創意表現需注意事項

　　皂液的濃稠度：皂液的濃稠度是決定表現哪種技法的關鍵，那如何決定皂液該稠還是稀呢？看製作者想以何種技法呈現，如：渲染、漸層、推擠、流渲、拉花……皂液的流動性高，建議皂液拌打的狀態至皂液輕中稠即可，如：堆疊、填色、擠花、仿油彩畫皂、著色……必須要流動性低，建議皂液拌打

的狀態至皂液濃稠即可。影響皂液濃稠的因素很多，所以對喜歡表現創意的朋友，能掌控這點是非常重要的，一定要學習掌控皂液是技法成敗的關鍵。

1.香氣的添加

精油「essential oil」、香精油「fragrance oil」每種的成分皆為不同，有的內含的某些化合物質會加快皂化反應速率，顏色的呈現（甜橙精油偏黃、德國洋甘菊精油為藍色）也會影響皂液的調色。

2.油脂與鹼水的溫度

混合溫度愈高，皂化反應速率愈快。

3.配方油脂

各油脂的皂化速率反應也不同，如蓖麻油、米糠油、未精緻油品或浸泡油等皂化速率會比一般植物油來得快。油脂本身的色澤如果偏黃，可以用二氧化鈦加水先拌勻後再加入皂液，可使皂液色澤變白。

不同油脂其皂液顏色也不相同、皂化速率也不同。

色彩表現需注意事項

在手工皂的表現方法中，色彩的應用最為廣泛，如：渲染、漸層、推擠、流渲、拉花、填色、擠花、仿油彩畫皂、堆疊等，皆是透過色彩來做表現。

手工皂主要色彩

1.植物粉：將植物磨成粉，乳香、藥、紫草、備常炭、薑黃、板藍等。天然植物粉褪色速度快（光線、Ph值…），入皂液後容易吸濕結塊，不容易拌勻，建議可用少許的純水或油脂先均勻調開再入皂液。

2.天然礦土、石泥：二氧化鈦、紅石泥、綠石泥等入皂液後容易吸濕結塊，不容易拌勻，建議可用少許的純水或油脂先均勻調開再入皂液。

3.色粉及珠光粉：色彩豐富，選擇性多，且定色效果佳，珠光粉入皂攪拌容易，色粉入皂液後容易收濕結塊，但色粉的色彩飽合度高，為了方便操作，建議可加純水或油脂先調開。

配色與調色

　　配色：是指二種或以上的色彩做配置。單一色彩的視覺效果，會與其他色彩搭配時的效果不同；同一色彩和不同的色彩配色，也會形成不同的視覺效果。調色：色彩基本歸納為紅、黃、藍三大色，而這三大色系互相混合又可混出不同顏色！再加上明暗度黑、白的變化，創造出繽紛炫耀的色澤。相互影響後產生共鳴、協調、沒有衝突的色彩效果或感覺，稱為色彩的「調和」。

基本色彩組合：

1.相似色：相似色是指在色輪上相鄰的三個顏色。

2.互補色：互補色是指色輪上那些呈180°角的顏色。

3.三角色：是通過在色環上創建一個等邊三角形組合色。

4.分散的互補色：取目標顏色正對面的兩旁的顏色。

5.四方色：色輪上畫一個正方形，取四個角的顏色。

6.四方補色：採用的是一個矩形。通過一組互補色兩旁的顏色建立的色彩組合。

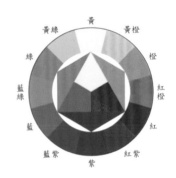

彩度搭配

是指色彩的飽和度，或是色彩的純度；飽和度（Saturation）愈高，色系搭配越鮮艷。

不論用什麼原料來添加入皂或加色，顏色在入皂後經由皂化反應後，色彩會有不同表現，再隨著時間的變化、光線的照射……顏色也會變淡，還有油脂本身成皂後的顏色也必須考量。

在調配色澤時必須注意，不論是植物粉、礦土粉或色粉，因來源、廠商、製造方法不同，在呈現色澤上都會有所差異，調色時請記住色彩混合的法則，再依實際狀況斟酌使用，製作手工皂時請先少量添加，拌勻後再視情況調整添加量，或加入其他色彩混合。

填色皂 FILLING SOAP

填色皂，簡單地說就是將模型上的圖案著以色彩，讓造型模上的圖案更加生動。

填色皂因圖案細緻，所以在填色時一定要特別的細心，建議可以先選簡單的造型模開始練習，溢出的皂液一定要用棉花棒清乾淨，這樣完成的作品才能乾淨完美。

配方比例 formula

油 品	油 量	皂化價	氫氧化鈉的量
椰子油	100g	0.19	19g
棕櫚油	100g	0.141	14.1g
橄欖油	150g	0.134	20.1g
芝麻油	75g	0.133	9.975g
榛果油	75g	0.1356	10.17g
合計	500g		73.345g

> 水量：160g

> 添加物：色粉　　> 精油：薰衣草、玫瑰天竺葵、迷迭香、雪松

How to make
製作方法

 ### 調製皂液

1　左：將所有油脂精秤倒入鍋中，加熱至40℃。
　　右：將「氫氧化鈉」倒入「純水」中，攪拌均勻並使氫氧化鈉溶液降溫至40～45℃。

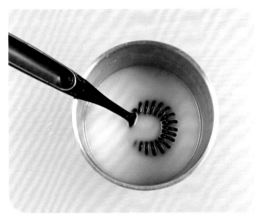

2　混合，將氫氧化鈉溶液倒入油脂中。

3　攪拌至輕中稠狀，加入精油攪拌均勻。

4　分出些許皂液，調出基本要用的色系，留下約一半原皂液備用。

開始填色

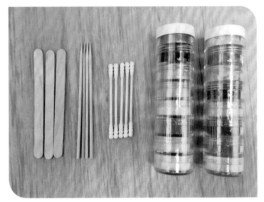

1　準備材料：工具冰棒棍、竹籤、棉花棒、色粉。

2　準備喜愛的模型。

3　調製圖案所需要的基本顏色。

4 也可以準備調色盤，在彩盤上調整所需要顏色。

7 並用棉花棒將多餘的皂液擦拭乾淨。

5 依照圖形用竹籤或冰棒棍填入顏色。

8 鋪上底皂液將皂模填滿，等待二天脫模。

6 依序將圖形填滿。

9 脫模後，可用棉花棒將暈染的部分擦拭。

10 晾皂30～45天即可包裝或使用。

完成

仿油彩創藝畫皂－花現幸福玫瑰園

　　最美的時光是在對的時間遇到對的人事物，對我來說最美的時光就是愛上繪畫所帶來的寧靜，彷彿時間靜止在畫皂的時光裡。

　　藝術的表現手法很多，常會想嘗試做出不一樣的風格，於是仿油彩畫皂就這樣誕生，讓我們一起以皂液為顏料，皂體為畫板，繪出油彩般豐富寫實的情境。

　　藉由手作的溫度，將藝術帶入生活中，感受內心的傾聽、紓壓、療癒，讓心靈享受這純粹的美好。

作者簡介 Introduction

陳珏棻

· 棻享手皂幸福工坊 負責人
· 手工藝（工、商、協）會 認證講師
· 嘉南藥專應用化學科
· 淡江大學化學系應用化學組
· 正修科技大學 業師

配方比例 formula

油 品	百分比	油重（g）	皂化價	NaOH（g）	INS
椰子油	20%	100	0.19	19	51.6
棕櫚油	20%	100	0.141	14.1	29
橄欖油	35%	175	0.134	23.45	38.15
杏桃核仁油	20%	100	0.135	13.5	18.2
米糠油	5%	25	0.128	3.2	3.5
合計	100%	500 g		73.25 g	140.45
水相（2.3）倍170（g）			香氣	不速T精油、香氛（2%）	
純水100（g）		鮮奶70（g）	添加物	色粉、礦泥粉、植物粉	

工具介紹 Materials

1 渲染盤：正方或長方皆可。此次使用自製模具（15.5×15.5×5）cm。以自己家中常用模具為主即可。

2 基本打皂器具：攪拌器、長柄湯匙、溫度計、刮刀、不鏽鋼杯（鍋）、電子秤……。

3 畫皂工具：各式紙杯、畫筆、油畫刀具、筆刷、玻璃棒、海綿、竹籤、棉花棒……。

製作方法

皂體（Flip cup渲染）

1 鹼水需降溫至20℃，鮮奶維持低溫20℃以下，有硬油脂類需事先加熱溶化。

2 先將鮮奶倒入室溫的油鍋（鍋內油脂需呈現清澈）中稍攪拌一下，再倒入已降溫的鹼水並攪拌均勻。

3 手動或電動攪拌可視個人習慣為主，因需做渲染故建議手動電動交替使用，以避免皂液過稠來不及做後續的操作。

4 當皂液表面呈現微微的細線時，也就是輕稠（Light Trace）的狀態下，進行調香和分杯調色。

※皂體的製作可使用單色體或渲染體，本次示範作品為渲染體。

示範皂皂液分配比例：

● 有色皂液（總皂液50%）
　A杯：黑色（90g）　B杯：深棕（90g）
　C杯：淺棕（90g）　D杯：橘黃（90g）
● 原色皂液（總皂液50%）
● 色彩：備長炭粉、可樂果粉、棕色、咖啡色、黃色、金色、橘色色粉
● 油溶性粉類可事前用不易氧化偏淡色油品做成色液（甜杏仁油、純橄欖油）

5 準備兩個小紙杯（容量約250C.C.），分別隨意倒入不同的有色皂液及原皂液於各紙杯中，各留一些皂液（有色及原色）不需全部倒完。
如：杯一：A杯、C杯、原皂液
　　　杯二：B杯、D杯、原皂液

6 準備一片壓克力板或硬材質的板子，將步驟5中的杯一及杯二放置於上方，調整一下需擺放的位置，最後將渲染模倒扣放在紙杯上方。

7 完成上述步驟之後，一手按緊上方的渲染模，另一手拿著壓克力板，快速地將其翻轉，並將剩餘的所有皂液隨意倒入模內的空間裡。

8 利用小刮刀或溫度計⋯等工具，沿著杯子的邊緣隨意拉出流動線條。

9 最後再將兩個杯子迅速翻開，利用轉動模具、刮刀翻攪皂液、或利用吹風機的風力去帶動皂液表面的紋路…等方法製作皂體，最後可用一塊壓克力板蓋住以便皂體保溫。

 畫皂（painting soap）

1 將預先收集的圖片或自己的構圖先行畫在紙張上，並準備一塊已事前完成脫模的皂體（單色或渲染皆可）。

3 本次示範作品基本色調：黑、白、黃、綠、紫、棕、橘。

2 打一鍋皂，並取皂液100克分杯調色。

4 將事先做好的皂體修整一下邊緣不平整的地方。修整完成請放置於不易滑動的紙杯上，並在杯子下方放置一個比皂體寬的盤器物品（免洗、不鏽鋼材質都可），方便承接滴落的皂液不會弄髒桌面。

5 畫皂皂液的稠度比平常皂液的稠度再濃稠一些，一方面是畫具比較好沾取，另一方面是比較好堆疊。但如一開始皂液還具「流動性」時，也可以做具流動性的操作（如：天空、海水的景色），此時較不適合做堆疊，會造成下方層的皂液被刮取。

7 鋪底：皂液完成調色後，我會先使用筆刷或海綿刷沾取然後用「點」「按」的方式畫於皂體的上方和下方少許區塊，以深淺綠、棕穿插上色。

6 使用筆刀或你慣用的工具先在調色盤中調出樹葉及草地的色系，利用黑、棕、深綠、黃來調出明亮度及飽和度不同的綠色來做深淺的效果。

8 堆疊：照步驟7的方式再堆疊二層，此時可以利用油畫刀來增加堆疊的厚度。利用手腕輕轉的技巧帶動油畫刀，讓顏色之間的分界線相互融合。

9 花朵：待上方樹葉區皂液略乾，可用畫筆尾端圓頭部分沾取紫色皂液，點在你想分布生長的地方，再沾取白色皂液堆疊其上，或點在紫色圓點周圍皆可，再利用竹籤由外向內或內向外畫圈皆可，即完成第一階段花朵分布。

11 草叢：草地區利用畫具塗上一點深淺綠色及黃色皂液，再利用扇形筆去拉出草的線條。

10 花瓣及葉片：用油畫筆沾取黃綠、深綠、芥末綠、黃色等皂液，運用「頓點」的技巧畫出葉子及花瓣，隨意分布在花朵之間的意境。

※花朵部分可沾一點亮色皂液勾勒花的邊緣，讓花朵具有層次感。

12 野花：

●色液：

· 用畫筆前端沾取色液，另拿一隻畫筆輕敲有沾色液的筆桿，即可讓色液隨意落在草叢之間。

· 另一種是用扇形筆前端沾取色液，用筆刀去輕刮扇形筆也可。

●皂液：

· 當皂液還具有一點流動性時可使用上述方法。

· 畫筆：皂液稠度過稠時，將造成整坨皂液掉落，此時可用「頓點」方式點上。

· 扇形筆：皂液稠度過稠時，將造成皂液卡在刷毛裡不易掉落。

檢視

先檢視畫面主體的位置，不要同時有兩個主題造成互相搶位的感覺，剩下再看是否需要加強收尾的地方直到完成作品。

　　師專畢業後，雖從事基礎教育工作培育國家幼苗，但也一直沈浸在花草和捏塑世界中，從事插花和黏土捏塑教學已有二十幾年，教學是我的志業，創作是我的興趣，能快樂手作是種幸福。

　　原本就有仿真多肉黏土的創作，而自從參加新北市手工藝業職業工會的手工皂專業講師班，學會了皂土的製作，喜歡捏塑的我就用皂土來捏塑多肉，意外發現皂土比黏土更好捏塑，它的可塑性極高且不易硬化，因此一頭栽進皂土療癒多肉世界裡不可自拔，希望喜愛多肉的您看了此書也能輕鬆快樂的捏出皂土多肉，創「皂」屬於自己的幸福。

　　現代人的生活裡總是充滿了忙碌，充滿了壓力，充滿了煩躁不安。因此大家總是在忙碌又高壓的生活裡找尋能夠舒壓並且療癒身心的可愛小物。多肉植物近年來大受歡迎，他外型小巧可愛，辦公室桌上或是家裡電視櫃等等地方擺上一盆就能讓周圍環境瞬間療癒起來。但是活生生的綠色植物並不好照顧，沒有綠手指的一般人是不敢輕易嘗試種植。因此，藉由這個擬真發想，讓柔軟可塑性又極高的皂土作為素材，運用自己的巧手把種類多樣的多肉植物捏塑出來，不需要澆水也不需要細心照顧，不需要在忙碌的生活中撥空出來照顧它不需要擔心凋零，它每天都會以最繁盛美麗最療癒身心的姿態，治癒生活中的煩躁壓力。

 作者簡介

鄭雅萍

- ‧新北市手工藝業職業工會手工皂專業講師證書
- ‧美國AFS花藝設計講師證書
- ‧日本原色押花講師證書
- ‧台灣麵包花與紙黏土推展會精緻多肉證書
- ‧台灣麵包花與紙黏土推展會百變多肉證書
- ‧台灣麵包花與紙黏土推展會傢飾彩繪證書
- ‧中華民國麵包花與紙黏土藝品推展協會黏土甜品藝術證書
- ‧台灣手工藝文創協會 手工皂專業講師班講師
- ‧台灣小螞蟻藝術教育關懷協會 手工皂、黏土專任講師
- ‧K's wedding studio擔任花藝設計師
- ‧台南市新住民手工皂、保養品、彩妝製作、黏土研習課程 專任講師
- ‧各機關學校團體 手工皂、黏土、插花專任講師

配方比例

油 品	比 例
椰子油	55%
棕櫚油	20%
橄欖油	13%
蓖麻油	12%
合計	100%

> 水：2.6倍　　> 精油：20%

製作方法

乙女心

1 搓短胖水滴，接著放手心用食指搓幾下塑形。

2 微微彎曲。

3 搓兩個最小，四個小的其餘大約14個。

4 取一根竹籤包皂土當莖。

5 從中心組合長短可隨意有空隙就可黏貼。

6 用畫筆沾紅色淡淡刷上一層。

🍎 **吉娃娃**

1 搓胖水滴。

5 從中心點開始依序往外組合,約5~6層。

2 將水滴圓圓的地方捏尖。

6 越往外的葉片可越來越長。

3 壓扁,拉出葉尖,食指中間壓一下,讓葉片背部隆起。

7 組合好後在每片葉尖刷上紅色。

4 取一塊土搓圓輕壓當底。

8 利用細篩網,撒上痱子粉當白粉即完成。

筒葉花月

1 取深綠色皂土搓水滴。

2 葉片①用圓棒在葉片上方直接按壓，再微彎葉片。

3 葉片②用圓棒從中間往下微按壓，再微彎葉片。

4 葉片③同步驟三，僅需再往下壓長些，再微彎葉片。

5 三種葉片完成圖。

6 取綠色皂土，搓長條當莖。

7 對生組合，耳朵開口朝外，大小隨意，不用由大到小。

8 耳朵上緣刷上紅色，不用每片都上色。

🍒 **雅樂之舞**

1 將淡黃色皂土壓平，把綠色皂土放在黃色皂土中間包起來搓成長條。

4 以十字對生方式將做好的葉子片黏於莖上。

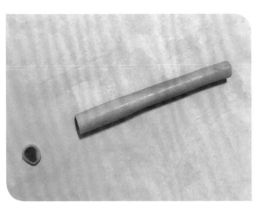

2 用美工刀切下約0.1cm厚的皂土，切下後用手壓平。

5 最後在葉子邊緣刷一層淡紅色。

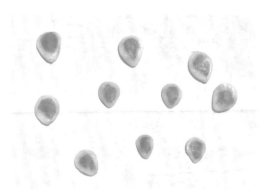

3 葉子下端捏出尖端強調葉子的形狀。

🍒 **碧光環**

1 用綠色皂土搓一個圓。

2 利用黏土工具將圓球從中間切開。

3 耳朵搓長水滴，沾膠黏於頭部。

4 取一小塊咖啡色皂土搓圓，利用大拇指與食指捏出類似碗的形狀，再把上方四周用手撕開。

5 將步驟3、4組合而成。

6 耳朵塗膠沾黏上仿真糖晶。

7 可在左右各捏出兩個小水滴，塗膠沾黏上仿真糖晶。

 組合完成圖

利用吐司模做一條手工皂，再將其切割組合成花器，接著將事先做好的多肉、花精靈、貓咪組合而成。

滇緬風味米干皂

 作者簡介

傅婉儀

- · 執手堂工作室 負責人
- · 手工藝（工、商、協）會 認證講師
- · 曾任桃園八德國中 手工皂研習講師
- · 桃園社區營造博覽會 桃樂市集手工皂講師
- · 南亞技術學院推動社區服務學習創新方案 手工皂講師

目前擔任
- · 桃園大溪家扶溪旺教室 手作講師
- · 新光三越大有店 手作講師
- · 桃園市僑愛社區多功能學習中心 手工皂講師

 配方比例

材　料	重量（克）
椰子油	140
棕櫚油	200
橄欖油	210
甜杏仁油	140
蜜蠟	10
氫氧化鈉	102
純水	125
無糖豆漿	100

> 香氛：選用不會加速皂化與改變皂液顏色的精油或香精皆可。

配方說明

1. 配方中椰子油比例為總油量的20%，清潔力適中。使肌膚滋潤柔軟、保濕性高的橄欖油與甜杏仁油佔總油量的50%，是一款適合乾性與中性肌膚使用的手工皂。

2. 油品中添加蜜蠟能增加皂黏土的延展性與彈性，捏皂時方便操作不黏手。

3. 使用無糖豆漿取代部分純水，可延長皂體保存時間，並可使皂體顏色更接近米干。

基礎打皂流程

1. 先將椰子油、棕櫚油和蜜蠟加熱融化、混合均勻再加入其餘軟油拌勻，控制油溫在40度左右備用。

2. 將秤量好的氫氧化鈉分次加入純水中，控制溫度在40度左右備用。
   ※由於融鹼時會產生高溫，所以可以先將純水冷凍為冰塊或隔水降溫。（融鹼時須注意安全防護，並在空氣流通處操作）

3. 將豆漿加入油鍋中並同時加入鹼水，開始喇皂囉!

4. 於輕微濃稠時添加精油，並攪拌均勻至濃稠。

5. 打皂時間約40分鐘（溫度、濕度、攪拌速度、油品都會影響打皂時間）

 製作方法

 蛋液製作

由於要呈現蛋液周邊的不規則狀，所以採用以下方式來製作：

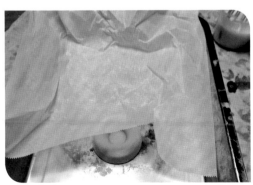

1 捏皺烘焙紙放入鐵盤中，可在烘焙紙下方墊東西，使烘焙紙呈現淺碟狀。

2 取部分皂液，加入已調製完成的二氧化鈦水溶液攪拌均勻，使皂液顏色變乳白。倒在烘焙紙上成為蛋白。

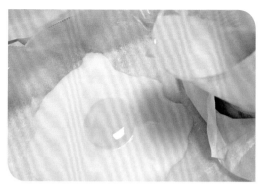

3 取更少量皂液加入黃色珠光粉拌勻，倒在蛋白上做成蛋黃。

4 蛋液完成後即可放置一旁，3天後剝離烘焙紙備用上菜。

皂體製作

完 成蛋液後，剩餘的皂液全灌入吐司模保溫3天後脫模，脫模後的皂裝入塑膠袋中，以免水分蒸散太多而太過乾硬；靜置3週後可捏製皂土。

米干製作

1 三週後，用線刀片下厚度約0.2mm的皂片。

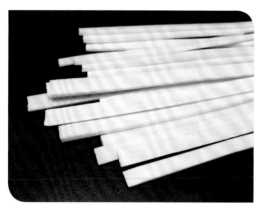

2 將皂片切成條狀。

3 將每條皂條左右兩邊稍微捏平成不規則狀，使其成為米干狀。

★製作青蔥、豬肉片與豬肝三種食材時須
先調色，調色方式有兩種：
　1.打皂時即將皂液分杯調好所需顏色。
　2.晾皂三週後，再加入所需顏色揉捏均
　　勻。
本次採用第2種方式

製作青蔥

1 調入微量黃色珠光粉、綠色珠光粉與
綠色礦泥做出蔥白，蔥中段與蔥尾。

2 將皂糰盡量壓扁，切出青蔥寬度。

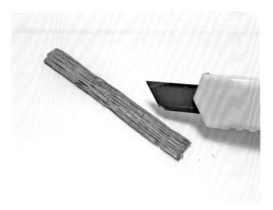

3 用刀背輕劃出青蔥葉脈痕跡。

4 切小段，捲曲成為蔥珠狀。

5 依同樣方式完成其他三種色階蔥珠，
擺盤備用。

🍎 製作香菜

1 皂糰中加入黃色珠光粉與綠色珠光粉，捏成薄片，使用葉形鋼模壓出葉片。

2 用小工具切出香菜葉緣。

3 使用矽膠葉脈壓模，壓出香菜紋路即完成。

🍎 製作豬肉片

1 添加薄荷、芙蓉細粉與珍珠玉容散入皂糰，成為豬肉片的顏色。皂糰中若有不易推散處，可使用刮刀幫忙植物粉與皂糰融合均勻。

2 將皂糰隨意捏扁，使皂糰邊緣呈不規則狀。

3 揉捏鋁箔紙或較硬紙張，隨意按壓皂糰使表面呈現凹凸與裂痕。

4 完成豬肉片擺盤備用。

🍎 **製作豬肝**

1 添加薄荷葉細粉與抹草細粉，使皂糰接近豬肝的顏色。

2 因豬肝稍有厚度，故捏皂糰約0.3cm厚，切出豬肝形狀，在兩面輕劃出肉類紋理。

3 與肉類紋理約垂直90度方向，用牙刷輕刷與按壓使豬肝表面呈現出紋理與細紋。

4 用手指稍加修飾整理豬肝邊緣，避免切口太平整而顯得死板，再用牙刷輕刷切口使邊緣紋理更像豬肝。

5 完成的蔥花、豬肉片與豬肝。

 湯汁製作

2 灌注第三層皂基時，注意米干擺放的位置需稍微立體以撐住上方食材，讓整體看起來產生豐盛的感覺，也要注意留部分空隙使下層米干露出。

3 擺盤確定位置後就可以灌入最後一層皂基，撒上蔥花與香菜，就完成看起來很美味的滇緬風味米干。

1 準備透明皂基、咖啡色色水與製作完成的食材；隔水加熱融化皂基，加入咖啡色色水調成適當的顏色，分3-4次製作湯汁倒入碗中，每一層都放入米干，並利用皂基冷卻凝固的特性，將米干位置固定。

作者後記

　　此次有幸擔任南亞技術學院推動社區服務學習創新方案的手工皂講師，本次成果展以滇緬文化為主軸，遂邀請黃琬筑與張雅文兩位老師一同以手工皂作品來表現滇緬特色。在尋找創作作品方向時，南亞技術學院盧榮芳教授引領我們實地探訪龍岡阿美米干王根深董事長長年收藏的滇緬文物與書籍，也依據這些文物讓我們的手工皂作品得以產生。討論後，琬筑老師及雅文老師分別製作滇緬圖騰、首飾與滇緬服飾相關作品，而我則製作與滇緬美食有關創作。

　　為製作滇緬地區特色餐，去龍岡不同米干店享用滇緬風味美食數次，研究食物光澤、線條、紋理與顏色，最後做出了米干、碗豆粉、破酥包與小菜皮蛋豆腐，請大家「視」吃囉！

滇緬風情・龍岡之美

作者：黃琬筑、張雅文

滇之串珠

目腦縱歌

五彩霓裳與彝族女服

七彩雲南

通用皂化價表與使用方式

近十年來，台灣手工皂DIY如同雨後春筍般一波接一波襲來。尤其近三～五年來，在各地方手工皂民間單位的努力不懈推廣下更是達到高峰。加上新北市手工藝業職業工會手工皂師資培訓班的成立，以打穩基礎、激發創意等訓練，出現許多前所未見的手工皂技巧與不同領域的工具交互運用（如：羊毛氈、烘焙、木工…等等），再大量運用社群網路、智慧型手機的快速傳遞方式，讓更多人可以欣賞這些美麗的藝術品，也吸引更多人心生嚮往學習手工皂。

一般手工皂除了製作方式容易、日常生活實用以外，可以很快從中獲得滿足及成就感，是每位手作者繼續買油、買模、買工具最大的動力來源。大部分的人都認可手工皂跟市售清潔劑相比是屬於天然、環保的產品，但一般手工皂製作者卻無法做出100%皂化完全、保證皂中絕不含有游離脂肪酸或是游離鹼的手工皂。原因在於每一批油脂的皂化價都會隨著產地、季節、植物脂肪酸結構比例的微量差異而有所不同。而一般手工皂製作者沒有能力可以檢測出每批油脂精準的皂化價，販賣油脂的手工皂材料行大多也不會執行這個動作（也許有的店家有，但佔極少數），因此皂化價的通用表就顯得非常重要。

計算鹼量一直是學習手工皂重要的一環，幾乎每本手工皂書上都必須提供一份通用皂化價表給讀者方顯手工皂書的完整性，但是否經常覺得仍有許多油品資料不易取得，最後還是必須翻遍其他手工皂書或是上網查詢呢？

參考眾多國內外手工皂書籍、網路部落格、各皂材行，筆者整理出一份較為完整的皂化價表格，用星號標出常用油及罕用油品機會，讓整個表格呈現出完整、讓初學者或是進階學習者都能更方便取用的文件。

計量鹼量時，倘若發現有某些特殊油品在不同資料中找到的皂化價不盡相同，那是因為特殊油品的使用上比例通常佔少數，或是近年才開始運用於手工皂中，因此通用皂化價尚未有完整的統一性，加上前述油脂皂化價本來就是浮動的，若擔心製作時有超鹼的狀況，可選擇較低的皂化價或是以中間值來計算。而讀者所購買回來的油品標籤上若有提供油品的皂化價，且確認是商家有檢測過的，如此以商家的油脂皂化價為主才是最準確的。

Introduction — 作者簡介

吳佩怜

· 咕咕鳥幸福手作坊 負責人
· 中華職訓中心 手工皂講師
· 第一商業銀行手工皂社團 講師
· 環球購物中心A8親子手作活動 講師
· 台北市慶城街1號親子手作活動 講師
· 提升勞工自主學習計畫 手工皂課程講師
· 手工藝（工、商、協）會 手工皂師資班課程講師
· 臺北市美容美髮用品從業人員職業工會 手工皂講師

常用／罕用油脂皂化價

手工皂配方使用機率	油脂名稱	氫氧化鈉皂化價	氫氧化鉀皂化價	INS值
★★★★★	椰子油	0.19	0.266	258
★★★★★	棕櫚油	0.141	0.1974	145
★★★	紅棕櫚油	0.141	0.1974	145
★★★	棕櫚核仁油	0.156	0.2184	227
★★★★	白油	0.136	0.1904	115
★★★	乳油木果脂（雪亞脂/乳木果油）	0.128	0.1792	116
★★★	可可脂	0.137	0.1918	157
★	芒果脂	0.137	0.192	146
★	芒果油	0.128	0.1792	120
★★★★★	橄欖油	0.134	0.1876	109
★★★★★	甜杏仁油	0.136	0.1904	97
★★★★	杏桃核仁油	0.135	0.189	91
★★★★	酪梨油	0.133	0.1862	99
★★★★★	蓖麻油	0.1286	0.18	95
★★★	山茶花油（椿油）	0.1362	0.191	108

手工皂配方 使用機率	油脂名稱	氫氧化鈉 皂化價	氫氧化鉀 皂化價	INS值
★★★	苦茶油	0.1362	0.191	108
★★★	芝麻油	0.133	0.1862	81
★★★	葡萄籽油	0.1265	0.1771	66
★★	芥花油	0.124	0.1856	56
★★★	芥花油（高油酸）	0.1324	0.192	90
★★	大豆油	0.135	0.189	61
★★★★	榛果油	0.1356	0.1898	94
★	紅花籽油	0.135	0.1904	47
★★★	紅花籽油（高油酸）	0.137	0.192	97
★★	葵花籽油	0.134	0.1876	63
★★★	澳洲胡桃油 （夏威夷核果油） （昆士蘭油）	0.139	0.1946	119
★★★	小麥胚芽油	0.131	0.1834	58
★★★★	米糠油（玄米油）	0.128	0.1792	70
★★★	開心果油	0.1328	0.1863	92
★	花生油	0.136	0.1904	99
★	南瓜籽油	0.1331	0.1863	67
★	棉籽油	0.1386	0.194	89
★	玉米胚芽油	0.136	0.1904	69
★	菜籽油	0.124	0.1736	56
★★	月桂油	0.145	0.203	125
★★	苦楝油（印楝油）	0.138	0.194	124
★★★	荷荷芭油	0.069	0.0966	11
★	月見草油	0.1357	0.19	30
★	亞麻仁油	0.1357	0.1899	-6
★	玫瑰果油	0.1378	0.193	10
★	瓊崖海棠油	0.1357	0.19	82
★	卡蘭賈油	0.136	0.191	109
★	黑種草籽油	0.14	0.2	52

手工皂配方 使用機率	油脂名稱	氫氧化鈉 皂化價	氫氧化鉀 皂化價	INS值
★	巴巴蘇油 （巴巴樹油）	0.175	0.245	230
★	水蜜桃核仁油	0.137	0.192	96
★	西瓜籽油	0.136	0.192	──
★	沙棘油	0.138	0.194	47
★★	馬油	0.143	0.196	117
★★	駝鳥油	0.139	0.1946	128
★★	羊油	0.1383	0.1936	156
★	貂油	0.14	0.196	141
★	鴯鶓油	0.1359	0.1906	128
★★	雞油	0.1389	0.1945	130
★★	豬油	0.138	0.1932	139
★	鴨油	0.138	0.194	122
★	牛油	0.14	0.1967	139

其 他

手工皂配方 使用機率	油脂名稱	氫氧化鈉 皂化價	氫氧化鉀 皂化價	INS值
★★	綜合回鍋油	0.141	0.21	──
★	羊毛脂	0.0741	0.1037	83
★★	蜂蠟／蜜蠟	0.069	0.0966	84
★★	硬脂酸	0.1501	0.2101	197
★★★	L-乳酸鈉60%	──	──	325

註：L-乳酸鈉添加入皂液中主要功能為增加硬度及延長保存期限，因L-乳酸鈉比例只需控制在總油量1%以內且非油脂類，故無皂化價，僅提供INS值做為參考。

手工皂手帳

作者簡介

吳聰志：手工藝（工、商、協）會 理事長

QMii：手工藝（工、商、協）會 顧問

侯昊成：一樂手創工作室 負責人

林麗娟：又又手創坊 負責人

鄭惠美：美美造坊 負責人

賴淑美：香草工房苗栗店 負責人

謝沛錡：Fun Bubble開心泡泡精油皂手工坊 負責人

楊　塵：有空來作 負責人

陳孟潔：皂房手作生活館 負責人

王馥菊：華趣手工皂坊 負責人

蘭可人：藝術手工皂 講師

賓嘉君：花漾年華工作室 負責人

陳玨棻：棻享手皂幸福工坊 負責人

鄭雅萍：Ping快樂手作坊 負責人

傅婉儀：執手堂手作教室 負責人

吳佩怜：咕咕鳥幸福手作坊 負責人

編後感言

「學習」才能加強能力，
「實作」才能驗證所學，
「講述、報告及分享」才能展現紮實真功力，
隨時做好準備迎接挑戰，
未來在創業上必得一席之地。

追求創新！創意決定您的未來

創意來自於學習、思考與整理過後，吸收為己用。反覆不斷的練習與嘗試，加入自己的體會與歸納後的想法，開創出屬於自己的獨創風格，千萬別成為一台拷貝機！

只要能找到適合自己感覺的作法，並「發揚光大」，手工皂界的大師或講師就是您了！

請讓我們能時常看見您的動態，更期盼您能不斷推陳出新，展現出各種「創意」與「創新」的好作品，讓更多的伯樂前來認識您這隻「千里馬」。

手工藝（工、商、協）會
新北市手工藝文創協會
新北市手工藝業職業工會
社團法人台灣手工藝文創協會
新北市手工藝品商業同業公會
新北市保養品從業人員職業工會
敬上

手工藝（工、商、協）會聯合辦事處
新北市三重區同安東街27號1樓．（02）2976-0367